成长也是一种美好

# 感性的力量

张婷 著

人民邮电出版社
北京

图书在版编目（CIP）数据

感性的力量 / 张婷著. -- 北京 : 人民邮电出版社, 2023.6
ISBN 978-7-115-61498-8

Ⅰ. ①感… Ⅱ. ①张… Ⅲ. ①人生哲学－通俗读物 Ⅳ. ①B821-49

中国国家版本馆CIP数据核字(2023)第054992号

---

◆ 著　张　婷
责任编辑　宋　燕
责任印制　周昇亮
◆人民邮电出版社出版发行　北京市丰台区成寿寺路11号
邮编 100164　电子邮件 315@ptpress.com.cn
网址 https://www.ptpress.com.cn
涿州市京南印刷厂印刷
◆开本：880×1230　1/32
印张：8.5　2023年6月第1版
字数：180千字　2023年6月河北第1次印刷

---

定　价：59.80元

读者服务热线：(010)81055522　印装质量热线：(010)81055316
反盗版热线：(010)81055315
广告经营许可证：京东市监广登字20170147号

# 赞誉

《感性的力量》是张婷的第一本书，她将这些年的所学、所思、所想、所做凝聚成一股力量，分享给热爱学习的朋友。她对感性的力量有着独特的解读，从需求、情商、逆商、学习、表达、品牌、销售这 7 个维度进行了阐述，帮助读者发掘自我力量，不断成就自我。

学习是需要与实践相结合的。还记得 2018 年开始，张婷一直同我学习，在班级中，她是一个非常积极且乐于通过实践复盘的人。她于 2019 年开启创业之路，我也见证了她从 0 到 1 不断突破自我、挑战自我的过程。女性创业之路无疑是不易的，更需要果敢与坚持、坚定的原则与合适的价值观，她不断超越自我的精神值得大家学习。

**张萌**

**青年作家、青创品牌创始人**

张婷是一个极其靠谱的人，她是那种先把事做漂亮了，再直接给你结果的人。

她也是一个积极面对生活、充满能量的人，她的能量会感染到身边的每一个人。她更是一个热爱分享的人，每天扎扎实实地下功夫，带动很多人通过读书学习提升认知，解决生活难题，实现自我突围。

她厚积薄发的经验秘籍都在她写的这本《感性的力量》里，愿你能从书中寻找到属于你自己的宝藏。

侯小强

起点中文网前董事长、北京金影科技有限公司董事长

在不确定性的时代中，如何拿到确定的人生结果？感性的力量可以更好地帮助一个人从心出发。张婷的这本书让我看到了一位女性是如何将自身感性的力量极致地发挥出来，继而一次又一次地将逆境转化成礼物，使自己不断地迭代与成长，最终成为想成为的样子。希望这本书能帮助更多人唤醒自身感性的力量。

郭俊杰

帆书（原樊登读书）联合创始人、《简单做事》作者

用好了感性的力量，我们不仅可以让自己变得更好，还能帮助、影响他人。想知道具体怎么做？张婷的这本书已经提供了非常好用的方法论，好好阅读，相信你可以受益匪浅！

剽悍一只猫

个人品牌顾问、《一年顶十年》作者

个体崛起的时代，每个人都有为自己创造财富的机会。每一个想要有所成就的普通人，都需要找到适合自己的发展方式。张婷老师的这本《感性的力量》可以帮助读者发掘身上的力量，也希望这本书能够帮助到每一个想要成功的普通人。

**肖逸群**

**星辰教育创始人兼首席执行官、恒星私董会发起人**

如今，正是一个女性崛起的时代，女性在社会中扮演着越来越重要的角色，她们身上的感性力量正发挥着越来越重要的作用。我们有理由相信，在未来的世界，感性也许能连接一切。

我认识的张婷是一个非常感性的人。她有着强大的愿力，强劲的韧性，动人的微笑，动情的表达……她把女性的魅力和特质淋漓尽致地展现了出来。

她是如此感性地活着，如此感性地做自己喜欢的事情。坚持一切从心出发，始终相信感性的力量。她用自己的实际行动，让我看到了感性的力量。

这本书里，有张婷的故事，也有她的成功历程。她从感性的本质以及感性与情商、逆商、学习、表达、个人品牌、销售之间的关系方面出发，介绍了感性对人的全方位影响。希望通过阅读本书，大家能在生活、工作中看到和发挥感性的力量，让自己变得更强大、更有魅力，开启精彩的人生！

刘 Sir

出版人、内容策划人、合生载物创始人、书香学舍主理人

张婷是一位优秀的创业教练，她将自己从职场到创业，从自我成长到带教他人的经验，总结成个人成长的七个维度，为我们拆解了如何将感性转化为力量，让自己获得改变与成长。

当你想要改变的时候，这本书值得一读！

裴雪瓶

青创繁星首席执行官

前言

# 我们都是自己生命的 VIP[①]

在我们的生命中，有一种特别强大的力量，它就是感性的力量。

感性，是一种内在力量，它非常强大，却很少有人发现与挖掘它，甚至很多人不知道自己居然有这样的力量。也许有人和我一样，一直在使用着这种力量而不自知。

所以，当我们焦虑、迷茫的时候，经常选择向外求，这种向外求让人变得更加焦虑。更令人担忧的是，人们解决焦虑的方案依然是向外求。

我是一个想目睹普通人活出不普通版本的人生的人。在 38 岁时，我用学习改写了自己的命运。从一个职场人成为一名创业者。

我的第一份工作是在北京的一家三甲医院做护士，照顾

① 重要人士，贵宾。

来自全国各地的患者，从23岁起，我就亲眼目睹了各种生死离别。在这家医院，我经历了非典、汶川大地震。那时，我的护士长去前线支援，把我留下来代理她的工作，我时时刻刻都关注着救灾前线的情况，期待她早点安全回来。

我的第二份工作是世界500强医药外企的销售专员，我的工作内容发生了巨大的变化，面对形形色色的客户，我更加理解了现实社会与生活。

我的第三份工作是在青创平台做学习成长创业教练，带教10万余名想要通过学习改变自己、赚到人生第一桶金的创业者。

从2003年初入社会到这本书与大家见面，20年间的三段工作经历使我阅人无数。我观察到，时代在变，人也在变。

也正因为有了这些经历，我觉得生命对于大多数人而言本质都是一样的，生命的起点是呼吸、心跳、血压……，终点也是呼吸、心跳、血压……生命中的经历才是一个人专有的，我们要做自己生命过程的极致体验者。

当我发现感性这一强大的力量后，便想把自己是如何运用这股力量的经验分享出来，让更多人发现自己与生俱来的力量，并帮助大家找到一些方法，让大家可以通过刻意练习，加强对感性力量的挖掘与锻造，用自己身上的力量帮助自己成长、成功。

如果这本书帮你发现了这一神奇的力量，我真诚地请求你将它推荐给更多人，让更多人看到它，让更多人相信它，让它发挥更大的价值。

我们都是自己生命的 VIP，应当探索生命与这个世界所发生的神奇化学反应，活出更有意义的人生！

# 目　录 CONTENTS

## 第一章　感性力量源自底层心理需求



## 第二章　情商高就是感知情绪的能力强

## 第三章　感性因素决定逆商高度



## 第四章　动用感性脑，学习更高效



## 第五章　情感加语言，令表达更具感染力

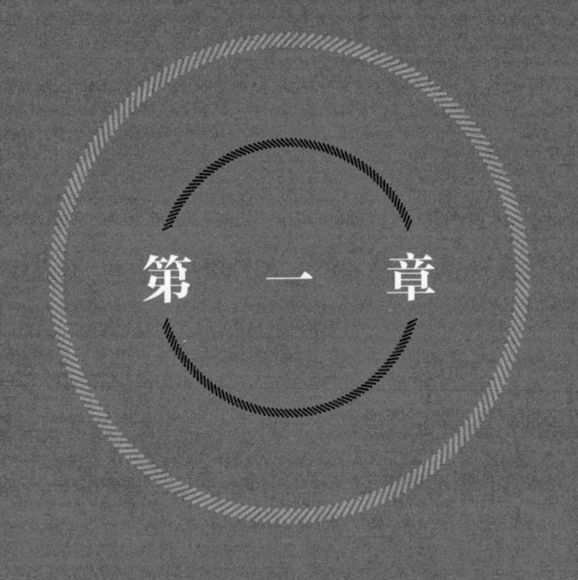

# 第一章

# 感性力量源自底层心理需求

# 从心出发

身为一个自媒体人，我现在保持着至少一天一场的直播频率，有时候甚至一天四场。我的粉丝都非常喜欢听我的直播，说我讲的内容很有画面感，可以把抽象的理性逻辑讲得通俗易懂，引用的案例也真实生动。而且，越来越多的人把这种感受告诉了我。

一个偶然的机会，我请刘Sir帮我梳理事业发展和IP定位，他很认真地对我说："张婷，我觉得你很感性，这种感性特别有感染力。"一瞬间，我的脑海中浮现出粉丝们的反馈和评价。我恍然大悟，原来，这是感性带给我的力量。

仔细想想我的人生经历、我讲过的课程内容，我确实是一个很感性的人，而不是十分善于理性思考的人。在学生时代，我是一个算也算不明白，记也记不住的人，最害怕的科目是代数、历史、地理、政治。对于人生的发展，我只有大致的想法和实现想法的愿望，并没有做过太细致的规划。一路走来，如今已41岁的我，竟然将大部分的人生目标一一实现了。

我曾跟着生命中的贵人张萌老师学习，从一个什么都不懂的新人，变为年入几百万元的自由职业者，其实也是在傻傻地跟着自己的感觉走。当我第一次在喜马拉雅平台上听到张萌老师的声音时，我就觉得她是我要找的人，她就是能帮助我改变生命轨迹的人，于是我坚定地跟着她学习。现在想来，可能是因为她讲的内容恰好调动了我的感性基因。在跟随她学习了 4 年后的今天，我有了和她一样的梦想：助力青年成长、成功。我也想和她一样帮助更多的普通人通过学习改变人生，我觉得这就是命运的安排。

跟刘 Sir 的这次交流使我猛然发现，感性居然是我最大的优点之一，而我之前并没有意识到这一点。为了帮助更多人了解感性的力量，我决定写下这本书，带着更多人发现自己的感性优势，助力大家成为更好的自己。

我知道，很多朋友像之前的我一样，并没有意识到感性力量的强大，甚至对感性有些错误的认知。如果你想发现感性的力量，如果你想借助感性的力量改变自己，便需要了解并消除对它的误解。

## 曾经的你，以为女性感性，男性理性

日常生活中，比较常见的一种偏见便是女性更加感性一些，男性更加理性一些。实际上，从人类的生长发育阶段来看，感性是最先形成的，它是自然流露出来的；理性则是人类在大脑发育和接受教育的过程中慢慢产生的，人需要经过一定的思考和学习才能拥有理性。也就是说，无论男女，都既有感性的一面，又有理性的一面，感性与理性是相互依存的。

## 曾经的你，以为在工作中，感性不重要

另一种常见的偏见，是很多人觉得在工作中更重要的是具备理性思考的能力，感性并不重要。做项目管理、工作计划，确实需要具备清晰的逻辑思维，需要更多的理性。于是各大公司对员工开展更多的理性培训和训练，让员工学习运用各种工具，开展数据分析等工作。但是，人和人之间的连接和沟通离不开感性，有了情感作为连接纽带，人们才能更好地开展工作。所以说，感性在整体工作表现中是一个非常重要的因素。

## 曾经的你，以为感性难以琢磨，无法习得

还有一种普遍的偏见，人们觉得感性难以琢磨、缥缈不定，它很难像理性思维一样，可用固定的方式或工具去衡量和呈现，是很难被习得的。之所以存在这种偏见，是因为很多人没有发现感性的力量，也不知道如何调动甚至放大它的优势。实际上，感性是可以被习得的，前提是先被发现。

比如，对美好事物的追求，与人沟通的热情，无私奉献的善意等，都是感性的组成部分。若你有意识地去发现和培养它们，慢慢将变得更为感性。

在日常生活中，我很喜欢以观察他人的方式刻意学习感性。一旦发现某个人因为感性取得了好的结果，或者某个人因为感性收到了积极的回应，又或者某个人通过调用感性而解决了某个问题，我就会思考他行为前后的关联，并努力模仿他的样子。我不断地践行感性的行为，让自己变得更加感性，我开始用心聆听、换位思考，感受和学习感性给我带来的变化。

在生活和工作中，我也不断运用感性的力量，为自己争取更多的机会，得到更多贵人的指点，感性让我变得更加优秀，让人际关系更加融洽。

说到对感性的刻意练习，凭借我对感性的理解，它其实

并没有那么复杂和难以捉摸，就是感受他人的情绪、心情、感受，以及发现对方在乎什么。用三个字来形容，就是《论语》中的“观其由”，即“考察对方处事的动机”。

我对“由”这个字有两种理解。一种是“源”，也就是源头，我们要换位思考，捕捉问题的源头，如这个人的原生家庭或者他的背景。另一种是“流”，这个人经历了什么，过程是怎样的。

如果我们能换位思考，就能更好地理解其他人为什么是这样的一个现状，以及人和人之间的关系是怎么形成的。

我觉得，感性是通过各种感官，包括视觉、听觉、触觉、嗅觉等被感受出来的，人们通过用心处理工作，进而得到一些结论。而理性是人们在调动了以上各种感官之后，通过大脑对数据进行处理而得出的结论。也就是说，感性靠用心，理性靠用脑。很多时候，我们在做一件事情时，只要分清究竟是内心想做还是大脑要去做，就知道自己是在动用感性还是理性了。

从先后顺序上来说的话，我们大致可以认为感性先于理性出现，感性力量是理性力量的先驱。当一个人真正想要去做一件事情时，需要一个做成这件事情的动机。有了动机，才能调动后续的一些理性分析、逻辑思考、方法、工具等，才能有效地达成目标。由此可见，感性是前提。有一句话说得特别好“感性是理性的家园，理性是感性的延伸”。人的许多行为活动都源自感性，没有感性就没有理性。

拿做职业定位来说，很多人在做职业定位时，总想找到最适合自己的职位。可是在我看来，适不适合是一个伪命题，三百六十行，行行出状元。在不同的行业、不同的岗位上，具备不同特质的人都有可能取得成功。虽然起点不同，但终点是一样的。寻找职业的起点，就像在不同的地方打井，不管我们是在山脚、山顶，还是在山腰，只要足够努力，最后都有可能打出水来。所以，我们根本没必要纠结职业是不是适合自己。我一直觉得，职业定位解决的不是适不适合的问题，而是愿不愿意和喜不喜欢的问题。有人用大脑工作一辈子，而内心从来没有燃起过做这份工作的热情，这样的人生是我不敢想象的。

比如，我们想画一幅画、想出去旅行、想跟别人沟通，首先解决的是“想”的问题，这就是感性的体现。我一直相信，从心出发，从感性出发，是做成一件事的源泉。在做任何一件事情之前，我们先要产生兴趣，兴趣是感性的，然后再把兴趣变成爱好，在爱好的基础上，逐渐探索这件事背后的意义，发现它的价值，直至最后形成自己的价值观。

就像埃隆·马斯克（Elon Musk）要探索火星、拯救人类一样，他整个事业的原点，其实都源于感性的召唤。随着越来越多的人开始相信，他就把它变成了一个梦想。这个梦想可以包容更多人的梦想，使得更多的人能跟他一起实现更大的可能性，这就是感性力量的强大之处。

回想自己的成长历程，无论是我的原生家庭还是自己的小家庭都很美满，在事业上也一直比较顺利，总会遇到贵人，推动我往前走。朋友们对我也很好，都很认可我。我一直觉得自己是个幸运的人。可是和刘 Sir 聊过之后我发现，这一切都源于我的感性。感性是一种能力，帮助我找到自己的终身事业和终身价值。在这个过程中，感性像是“一把手”，一直带着我探索自己内心深处最想要的；理性像是“二把手”，服务于感性的愿景。

## 感性是一种新的生活态度

现代社会，有时候感性可能比理性更重要。为什么这么说呢？因为人们通常靠理性认知世界，而靠感性连接世界。或者可以说，人们往往用感性感知问题，用理性解决问题。

很多人可能觉得，自己的感知能力不足，对外界的洞察不够敏锐。实际上，大多数人都有这样的困扰。因为很多人并没意识到感性力量的重要性，也没想过感性是解决问题的能力之一。当然，大家也不必过分担忧，根据我多年的经验，感性其实是可以通过刻意练习习得的。

就我自己而言，洞察力强、比较感性等特质是在从事护士工作时被逐渐修炼出来的。在医院里，每一件小事都事关患者生命安危。这种人命关天的工作，职业要求自然会比其他职业高一些。

平日，一个病房基本要住五六位患者，每一次巡房，我都要同时做以下几项工作。

第一是查看所有患者的面部状况、生命体征、输液速度、心理状态等；第二是观察病房中物品的放置情况，如果物品的位置错乱了，要立刻把它们放回原位；第三是关注患者家属的表现，如果留宿的人多了，或者有人支了行军床，我需要按照规定要求他们即刻处理。

要顾及的事情这么多，做到细而不乱就显得非常关键。尤其是在值夜班时，病房里只有我一个护士，我更要提升工作效率。工作时，我会先观察清楚病房究竟需要哪些东西，然后在治疗室把所需的东西全部准备完毕，并尽量一次性将工作做完，能少跑一次就少跑一次。也就是说，学会统筹管理对高效工作而言是非常重要的。

在照顾手术后的患者时，我需要有强大的观察力。比如，有的患者做了胰十二指肠手术，身上会带十几根管子，我要监测他的生命体征，要观察输液进度，还要顾及各种引流管的情况。这些情况都是在实时变化的，作为一名守护患者生命安全的护士，我一定要在第一时间发现异常，甚至需要通过经验预判患者将要发生的变化。

在日复一日的医护工作中，我的洞察力得到了极大的锻炼。感性力量也在日常对细节的观察中变得越来越强。

大部分人都没经历过这样的工作和生活，也就没有练习感性的机会。但是我知道，一部分人之所以缺乏感性的力量，并不是因为他们过分关注自我或者性格内向，而是因为他们缺少刻意练习。只要坚持练习，感性力量是可以被后天培养和习得的，这一点我深信不疑。

东方甄选的董宇辉之所以能够一夜爆红，很大一部分原因是他的知识底蕴深厚，令很多人折服。在分享自己的读书习惯时，他说一定要先读小说，因为可以从中看到人物和故事，可以体会别人的情绪；接着要读一些历史和人物传记，开阔眼界，从历史的维度解读一个人；然后是读哲学，学会辩证地看待这个世界；最后是读自然科学，我们将发现人是很渺小的，只是宇宙中极小的一部分。

董宇辉的阅读习惯反映的就是感性力量的修炼过程。他很关注人物的故事和情绪，他在读书的过程中逐渐修炼出超强的共情能力。懂得跟用户共情，说的话用户才爱听，推的产品用户才愿意买。

实际上，我也是在关注人的过程中培养了自己的感性力量，只不过我采用的方式是"读人"，是在生活经历中向人学习。

小时候，由于父母外出工作，我跟着奶奶生活了 4 年，我那时只有 5 岁，奶奶对我的影响很大。奶奶说自己出生在旧社会，没有上过学，后来只上过"扫盲班"。奶奶骨子里有重男轻女的思想，偶尔会打骂我，对我特别严厉。我很怕挨打，但又很喜欢她给我讲故事和唱红歌。奶奶喜欢讲的故事有《乌鸦反哺》等；她经常唱的歌有《北京的金山上》《大海航行靠舵手》等。

每次听奶奶讲故事、唱歌，我的脑海中都会浮现很多画面。无形中，我的想象力和对情绪的感知力不断得到锻炼。现在，我在与别人沟通时，很快就能在头脑中构建画面和场景，也能很准确地感知对方的状态，这与奶奶带给我的影响密切相关。

在某些时候，我甚至觉得，感性的人其实就是在按照自己的感觉生活，因为他们能准确感知自己和身边的人。他们有一种很理想的人生状态，轻松而自由。感性的人往往也有很多共同点，他们的这些特质使得他们成为更有魅力的人。

## 想象事物的画面

感性的人，思维大都非常活跃，有着天马行空的想象力。比如我在和人聊天的时候，很可能聊着聊着就跑题了，要再多聊上一会儿，才能回到正题。

由于思维活跃，很喜欢想象，感性的人在看到一个东西时，常常喜欢“脑补”[①]。

① 脑补：网络流行语，通常是指在头脑中对某些情节进行补充，对漫画中、小说中以及现实中自己希望而没有发生的情节进行幻想。

## 热衷探索式钻研

感性的人，大都好奇心极强，在发现一个感兴趣的东西之后，很喜欢进行毫无逻辑可言的探索式的钻研。对组装电脑、维修钢笔、织中国结等，我都产生过浓厚的兴趣。愿意主动尝试，也是感性的人的共性。

20 世纪 80 年代，家里好不容易攒钱买了一台彩色电视机，我欢天喜地地以为终于有电视看了，没想到电视机到家没几天，就被父亲卖掉了。原因是父亲又听说有可以遥控的电视机，在那个时代，这种电视机特别少见，他想买一台试试。于是他托同事从国外买回来一台带遥控器的电视机，我现在仍然清晰地记得，那个遥控器可以嵌入电视机的面板，用力推一下又可以取出来操作电视，确实很有意思。

从小受到父亲的影响，我也变得热衷探索。从 38 岁找到我的老师张萌开始学习起，到如今 41 岁，我对学习有了更浓厚的兴趣，如今我每天仍然保持着 6 小时的输入时间、3 小时的输出时间，以及 2 小时的一对一帮助学员解决问题的时间，对看书也更感兴趣了。有人问我：张婷老师，你怎么这么爱学习？ 我的回答是：学习让我发现世界原来如此美好。学得越多，我对这个无限大的世界就有了越多的探索和理解。书是作者探索的收获分享，是作者的一种以和我不一样的视角对世界的解读。我放弃了稳定的外企工作，将学习知识、分享知识变为自己一生的事业，很多人对此表示不理解，但对我来说，年过 40 才找到真正感兴趣的事是难能可贵的，我更愿意把我喜欢的事情做成一份有意义、有价值的事业。用好奇心去探索知识，将所学的知识付诸实践，使我看到了一个越来越多彩的世界。

## 始终保有同理心

感性的人，通常极有同理心。我将同理心分成了三重境界：低层次的同理心，是能够感知别人的情绪和需要；中层次的同理心，是关注别人，先人后己；高层次的同理心，是努力成就别人。

我在医药公司做销售的时候就表现出极强的同理心。在拿订单的关键时刻，有的用户声称自己遇到了困难，出于一些原因不能下订单，我知道这或许只是一种说辞，但仍信以为真，继续一如既往地为客户服务。结果我付出了很多，业绩往往不是第一名。换工作面试时，面试官问我，你在前公司业绩是第一名吗？ 我很坦诚地说“不是”；他又问，你与第一名的差距是什么？ 我说我的同理心太强，有时过于相信客户。

我就是这样的一个人，总是站在他人的角度想问题，习惯性地相信别人。很多人为我不值，可我依然相信自己的选择，我坚信，只要我选择相信，我听到的真话一定比假话多。如今，我已在业内占据一席之地甚至小有名气，这与我超强的同理心不无关系。我的同理心让我更能够给予用户超出预期的服务，我也因此通过感性的力量得到了超出预期的收获，所以我才想把这个感受分享给大家。我个人也认为，在与他人连接的过程中，感性可能比理性更重要。

## 感性连接，理性反馈

任何一个人都不会脱离社会独立存在，人们从出生开始，就不断与其他人互动、连接。在做事情时，连接得越好，收到的反馈越正向；反馈越正向，连接也就越紧密。感性能助力一个人更好地连接他人。

在互联网时代，要想通过网络连接更多的人，感性就变得更重要了。比如，很多人在网上买东西靠的是一瞬间的感觉，图的是下单刹那的喜悦，至于东西到手之后的感觉，则是后来才需要考虑的问题。这一过程体现的，就是人们先产生了感性的连接，再收到理性的反馈。没有感性的连接，人们之间缺少认可和信任，理性的反馈也就无从谈起。

## 善造梦想，影响他人

感性的人善于脑补，能在头脑中构建清晰的蓝图和梦想。他们是有梦想的人，有内在动力。通过梦想，他们可以影响自己身边的人，呼吁对方加入自己，一起创造更多的可能性。他们也可以调动更多的资源，通过感性的连接尽可能多地实现别人的梦想。

## 独一无二，凸显价值

每个人都是独一无二的，有时无法用固定的理性标准去衡量一个人的价值，感性或许更能凸显个体的价值感。我是个特别热爱美食，喜欢做美食的人，经常会用“吃”来给我的学员们举例子。很多人说，上我的课必须要吃饱，不然太饿了，受不了。我们一起用烹饪来解释一下什么是感性。就拿中国人做菜和外国人做菜来打个简单的比方。中国人做菜大部分靠感性：盐少许、白糖适量等，虽然没有经过精巧的计算，却能做出好吃的食物，而且每个人做出来的味道都不一样。而很多外国人做菜偏理性：加入盐 3 克、白糖 5 克，3 分钟后出锅等。他们有可衡量的标准，可是做出来的菜味道千篇一律。

我们之所以总觉得妈妈做的饭最好吃，就是因为她做的饭的味道是独一无二的，是充满感性的，是不可替代的。

我们喜欢的老师也是一样的，每个老师都有自己的故事和经历，会在讲课的时候融入感性的元素。正是这些感性元素，让一节课变得独一无二。

未来的世界，如果说会有一种能力被永久地留下来，那我希望是感性的能力。随着科技的发展，理性的东西可以被冷冰冰的机器所替代，而有温度的感性力量是无法被替代的。

## 追逐热点不等于盲目跟风

为什么一些涉及财富、两性关系、冲突类内容的文章能够吸引人的眼球？因为它们与人的欲望紧密相连。对于欲望，很多人不屑一顾，甚至觉得它是可耻的。还有些人“谈欲望色变”，遇见与欲望有关的话题，一句话都不想多说。

实际上，这不过是一种自欺欺人的做法。每个人都有欲望，它不仅无法被否定，无法被隐藏，而且它还和感性有着密不可分的关系。

当然，很多人之所以会被热点事件吸引，是因为按照常理来说，那些事情无法发生在自己身上，他们会想象它们发生在自己身上会是什么情景。还有很多追逐热点的人，总觉得即便不能亲身参与，也要围观一下。而越多的人关注和参与热点，热点就越热，吸引到的人就越多，这是感性力量带来的结果。

但相比热点，我更愿意追逐真善美。

## 向往财富可能是渴望改善生活状态

自古以来，财富和生活状态都有非常直接的联系，所有人都希望与家人一起过上更好的生活，拥有更多的自由。这是人的底层需求，所以关注金钱和财富是人的天性使然，是感性在发挥作用。

## 对两性关系的探讨体现了人们最基本的生理需求

在人的底层需求中，生理需求是首先需要被满足的。在这一需求得到满足的情况下，人类才得以发展和延续。因此，正常谈两性关系并不可耻。

## 关注冲突体现了人们对安全感的渴望

当冲突或者暴力事件发生时，很多人在对受害者表示同情的同时还会展开丰富的想象：如果受伤害的是自己，自己要怎么做才能把伤害减到最小。这反映了人们对安全感的渴望，没有人希望自己受到伤害。

## 对真善美的追求是人的本性

人之初，性本善。对真善美的追求是人的本性。

比如北京冬奥会中，有一对金童玉女，他们青梅竹马，从小合作到大;他们配合得天衣无缝，又有相同的愿望和事业，并且始终互相扶持，两个人的合作惊艳了整个冰舞界。他们能成为冬奥会的热点一点也不奇怪。

比如大家都很熟悉的全红婵，她的家境不太好，但她给人的印象很朴实、很坚定。她的心理素质很强，有着强大的承受能力，与同龄的一些孩子形成强烈的反差。她身上的精神值得推广和发扬。大家愿意欣赏她的美好特质，她便成了社会热点。

再比如羽生结弦，他是日本的花样滑冰选手，患有哮喘病。为了锻炼身体，同时克服哮喘，他付出了比常人更大的努力，最终取得了令人瞩目的成绩。他从一个最不适合滑冰的人，变成了最适合滑冰的人。他的经历使人备受鼓舞，他也成了很多人的偶像。可以说，是花滑成就了他。

类似这样的热点我觉得是值得追逐的。首先，大家都喜欢真的东西、美的东西，另外，它们能给我们带来正向思考。

当然，追求欲望这件事本身并没有好坏之分，可是追求美好的东西更能推动文明向前发展，实现人类社会的不断进步。

不好的热点有时会带来不好的影响。所以，在某些情况下，需要由理性把感性包裹起来，给予相应的约束。这里的理性，指的就是道德、法律等。

它们就像是两股力量，它们之间的较量像冰与火的较量。

用理性约束自己是人类这一群体在共同进化、长久生存过程中达成的共识。无止境的欲望可能对别人造成伤害，也会阻碍人类社会的健康发展。如果在一个社会里，大家都只为了自己的欲望而活，将导致无序。

所以，在追求过于感性的东西时，我们一定要再清醒、再理性一些。不能仅仅从自己的角度看待它们，还要顾及身边的人甚至整个社会。感性只是一个触发点，理性对人类文明的推动和发展也发挥了不可替代的作用。中国的“和文化”追求的就是一个非常好的动态平衡状态，当感性和理性处于平衡的状态时，我们身边的一切事物才能有序地存在和发展。

我一直觉得，热点存在的意义便是推动我们通过感性去复盘一些事。

孔子曰：“三人行，必有我师焉。择其善者而从之，其不善者而改之。”很多人往往只记得前半句，知道向别人学习的重要性，而忽视了后半句。我们在学习时是要进行选择的，对热点中正面的、积极的东西，我们可以去跟、去学；对负面的、消极的东西，我们则要努力规避。

任何一件事情都有两面性，我们要学会辩证地看待问题。尤其是在面对争议性很大的热点时，更要保持清醒，坚持自己对真善美的追求。

我想，对热点的底层原因有一定的了解，以及对热点背后感性动机进行探求，是追逐热点的前提。这些前提可以帮助我们客观、辩证地看待热点，以免盲目跟风。

尤其在今天这样一个个体崛起的时代，我们应该以真善美作为衡量热点的标杆，借助热点的势能为己所用。

## 爱美不在表面，而在内心

人对美的事物总是情有独钟。美的事物不仅会给人带来视觉上的享受，还会让人产生心理上的愉悦。追求美好事物实际上满足的多是人们的感性需求。

那么，我们应该怎么看待和理解美的价值呢？

### 美会为人的心灵带来震撼感

我们在看美的场景、美的画面时，无论它们是人工的，还是天然的，都能感受到震撼。但当我们理性地去分析某个画面用了多少种颜色，某类气象是在什么物理条件下形成的时候，美感会瞬间消失。理性可能让我们恍然大悟，或者帮我们解决一些问题，它的实用性或许更强，可是它也许很难让我们感受到来自心灵深处的震撼。

## 美能带来生产力

一直以来，人们在追求美好的事物时，都有自己的审美标准。每个人标准不同，这也让世界更加多姿多彩。一旦社会中的审美标准被统一化，那人们对美的追求就失去了意义。

一个人有了自己爱美的标准，知道自己想要什么样的美，将可能有更多元的追求，才会在好的基础上追求更高水平、更丰富多彩的美。人们在对各种美好事物展开追求时，对这个世界才会有更多的探索，从而变得更加积极，更有动力，这就是美带来的生产力和推动力。

## 美会由内而外地散发

真正的美并不单纯存在于事物表面，甚至可以说，美自始至终都是由内而外散发出来的。

比如，当我们觉得一个美女很有气质时，首先是欣赏到了她的外在美，但她内在的状态一定也是影响她气质的因素之一。又或者说，她很知性，很智慧，因为进行了相应的学习和修炼。这些东西，我们从表面上看不到，但它们才是让美女有气质的关键。

所以我常说，赏花赏其根。如果一个人只有一副好的皮囊，内在是匮乏的，那他的美便经不起推敲。真正的美，一定是有内涵的，是由内而外散发出来的。

## 美能体现知行合一

知行合一是明代思想家王阳明的观点，在对待美上，我们也应该对自己有这样的要求，这也符合人的本能。人们先闻到花香，再欣赏花朵，感受到的就是一种知行合一的美，这一过程将使人的内心变得无比愉悦。

反过来说，如果闻到了臭味，大多数人只会产生厌恶感，花开得再艳丽，也很难让人想去欣赏。

我不否认，理性有理性的美，感性有感性的美，但是我觉得，爱本身是感性，是情感的冲动。理性的美可能是从理性层面审美，但是理性的美也基于感性，也是需要人们动用感性欣赏的，我们要在感性之上谈理性。

说到底，美是感性带来的东西，人们从感性出发，才能真正地欣赏美。对美的事物情有独钟是人的一种本能。

## 感性美可以提升美商

感性的人，更容易理解美，更愿意追求美，所以他们的美商提升得也更快一些。实际上，我之前一直觉得自己美商不高，但后来的一些事情证明，也许我想错了。

女儿五岁的时候，我给她报了一个模特班。老师让家长为孩子设计服装，参加比赛。我没学过画图，也没学过设计，根本不知道具体应该怎么做，只好凭自己的感觉从网上买了一些服装材料，没想到，搭配出来后的效果特别惊艳。

那次比赛，我和女儿得了两个奖，一个是她作为小模特拿到的名次，一个是服装设计奖。后来，每每看到当时的照片，我都觉得自己的设计很棒，但是我不知道当时的自己具体是怎么设计出来的。

很多人可能不相信，感性会发挥这么大的作用。从专业审美的角度来说，美是有比例的，是有衡量标准的，人们要经过一定的专业训练才能学会审美。但在我看来，审美更多是一种发自内心的情感需求。我虽然不知道服装搭配的逻辑，也不知道审美的原理。可是我知道什么好看，什么让人舒服。只要不断地与美的事物接触，即便说不出它美在哪里，对美的感性认知也会提升很多，美商也会比之前更高一些。

语言表达上的美也是一样。我听过一个老师的口才课。有一节课，他谈到人的左脑和右脑可以共同调动 12 种思维。提到右脑的时候，他讲了韵律感、排比等各种修辞手法。提到左脑时，他讲人们的表述主要聚焦在各种视角的变化上。

我觉得他讲得很美，对课的印象也非常深刻。

然后，我把这节课分享给了跟我学习口才的学员。我也熟练运用了左脑和右脑相互结合的表达方式，为学员授课，为粉丝做直播。大家都很喜欢这种感觉，被我讲的内容深深吸引到了。

我虽然没有进行过写作训练，也没有进行过专业的口才训练和表达训练，但是感性的力量仿佛天然地赋予了我这些能力，甚至有专业的口才老师和作文老师也来听我讲的课。

无论视觉上的审美，还是语言表达上的美，都体现了人们情感和精神层面的追求，都是感性的表现。就我的经历来说，美商的提升不一定非要通过专业的学习。因为领悟感性的美不需要精通黄金分割点、构图，而是需要人们与心灵美的人及美好的事物多接触。美在生活中无处不在，我们学会发现美，才能感受美。

大家都很向往美好的事物，也会不知不觉地靠近美，我经常给身边的人传递价值，通过感性的美感染他们，这种美更接地气，也比较受欢迎。

## 美会促使人不懈努力

人们对美的追求是没有尽头的。随着审美水平的提高，人们对美的要求会越来越高。为了追求更高层次的美，人们会持续努力，坚持不懈，精益求精。

我看过一部电影，说的是达·芬奇在画《最后的晚餐》时发生的事，第一次画完这张画后他发现，画面上在屋檐下坐着的人离屋檐太近了，如果站起来，会碰到头。别人劝他说，反正那个人是坐着，这样就行了。达·芬奇却说，不行，这样不符合常理，看起来也有点压抑，于是，又重新画了一遍。

爱美之心，人皆有之。人们对美好的事物情有独钟，体现了一种感性的需要。通过感性学习美、审视美，是符合人性本能的。

## 感性带来的上瘾机制

提到感性，“上瘾”往往是一个很难绕开的话题，它源于情绪和欲望，是感性力量中不可忽视的重要组成部分。

我身边有很多人，一听到“上瘾”两个字便退避三舍。我知道，他们可能联想到了一些不好的上瘾习惯，比如吸烟、喝酒、打游戏、刷短视频等。这些上瘾习惯确实会给人带来负面印象，很多人也把上瘾看作贬义词。

实际上，上瘾本身并没有好坏之分，更多地要从上瘾对象进行判断。比如，对学习上瘾、对看书上瘾、对做咨询顾问上瘾等，这些都是积极的表现，这种上瘾对人的正向影响显然更多。上瘾本身是人们的一种感性需求或者说情感依托，只是某些时候人们对不恰当的事物上瘾的程度太深，对它产生了负面看法。

很多人痴迷于网购，觉得自己被商家“套路[1]”了。但从

---

① 套路：网络流行语，形容被精心策划的一套计划，也可以形容竞争关系中的一方十分老练、极具经验，形成了一类较为成熟的行为。

心理层面来说，网络购物其实满足了人们的很多需求。

第一，网上产品琳琅满目，选择范围极广；第二，人们足不出户就能购物，还能在家收快递；第三，一些代购的产品，品质优越，性价比高；第四，网上的商品价格相对低廉，能帮人们省下不少钱。

正是因为网购能满足这些需求，才会有人对它无比上瘾，从而越买越多，购物欲越来越强，这是上瘾带来的负面作用。

可是如果换个角度，从本质上看待上瘾背后的心理机制，那么上瘾便可以反过来为人所用。假如一个人能通过上瘾建立好的习惯，他便可以让自己变得更加优秀。

人之所以上瘾，是因为某件事顺应人性，能给人及时的反馈。从心理学的增强闭环回路效应来看，一个人如果每一次努力都能得到很好的反馈，他就会有积极改变的动力。这种动力不是一股单一的力量，而是很多股小的力量，逐渐让人产生改变。

我跟着张萌老师学习就是这样一个过程。我决定开始学习的时候已经 38 岁了，很担心自己跟不上，学不会。但是既然学了，就不会放弃。所以，在学习时，我首先想的，就是一定要学得更快、更多。

当时，我只是按照自己的想法学，也没做什么具体的学习规划，但结果很好，我的改变也很大。到今天，总结自己的经验，我发现我的感性在这一过程中发挥了重要作用，它让我慢慢地对帮助别人这件事情上瘾。

具体来说，我主要做到了以下几点。

## 找一个很想超越的目标

我的起步比较晚，张萌老师的大部分学员都比我年轻，而且她们的学习能力也明显比我强很多，每次的复盘工作都做得又快又好。只有大专学历的我看到了自己的不足，我想我应该找到目标榜样，这样才能更快地进步。

我很认真地观察了一段时间，找了几个学习者作为榜样，将自己的学习结果与她们的对标，从文字复盘到思维导图，一样一样地提升自己。我还增加了知识输入和输出的时间，每天听课 6 小时以上，见缝插针地学习。我还以帮助自己和其他同学解决问题为学习目标，每天花 3 小时帮同学梳理知识，同时用 2 小时强化口才练习。我知道，想追上那些优秀的、比我学习能力更强的同学，就必须付出更多的时间、更多的努力。这个目标给我带来了力量，也帮助我在日后的学习中持续不断地努力。我用 10 个月的时间通过学习变现近百万元，我欣喜地向张萌老师汇报，同时总结出自己的成功心法：拥抱挑战，用努力谱写优秀！

## 主动给自己提更高的要求

对自己有更高的要求是变好的开始。在跟老师学习的过程中，我发现一个加速成长的秘密，人的迭代频率越高，成长速度就越快。与我同期的学习者很多都为自己做了一年迭代一个版本的规划，有的人一个月迭代一次，也有每日精进的同学让自己每天迭代一个版本。我用输出质量衡量自己迭代的频率，当一定次数下，质量都达标之后，我才会增加输出次数。

具体是如何做的呢？如果我在一天中分享了 4 次内容，我对自己的要求是：每次分享至少要在 1 小时以上，4 次的内容要全都不一样，且每一次的分享中都要包含能为受众带来实际价值的干货，争取让大家都喜欢，做出高度评价。之后，我才会增加输出次数，实现自我迭代。我坚信人一定有发自内心的渴望，才会对自己提出更高的要求，让自己更主动地投入其中。如果总是依靠他人对自己提要求的话，很难上瘾。

通过这种方式，我很快建立起自己的知识宫殿，大脑的数据库逐渐升级，学习效率越来越高。同时，我还拥有了把知识系统性连接起来的能力。学习成了让我无比快乐的事情，把学习到的知识结合自己的实践经验分享出去，成了我擅长的工作。在帮助成千上万的学习者快速学习时，我也获得了丰厚的报酬，找到了热爱且有价值感的事业。在跟随张萌老师学习整整18个月后，我毅然辞去了原来的世界500强外企医药销售的工作，用更多的时间和精力奔赴我的终身事业，力求帮助更多和我一样想要改变生活状态的人。我把自己正在做的事称为“普通人逆袭[①]研究”，想带着更多的普通人探究人生的边界。

## 持续用正向反馈激励自己

我坚持学习的动机和目标，是解决自己或学员的问题。我最想做的事情，就是帮助曾经和我一样面临生活难题与困境的人分析问题的本质，找到解决方案;提升解决问题的能力，进而解决问题。很多学员通过留言或打电话的方式给了我积极反馈，证实了这路径确实能帮助他们。每次跟学员交流或者直播，我都能得到很多正向反馈。不仅仅是语言上的告知，学员们的状态也发生了变化。我发现我越来越热爱自己的工作，喜欢上了学习知识再用知识帮助他人解决问题的这种“上瘾”的感觉。与医生治病救人一样，我不但是“医生”，还成了一位医术高明、可以治疗一些疑难杂症的“医生”。我和我的团队在一起，就好像开了一家人生CEO（Chief Executive

① 逆袭：网络流行语，形容本应该失败的事最终却获得成功。

Officer，首席执行官）系统医院，不但能够精准地发现问题，还能够耐心地帮助人们解决问题。因此，我更愿意坚持每天学习和输出，让自己不断升级，解决更高难度的问题。现在的我不仅可以帮助个人解决问题，还能在互联网创业和团队优化升级领域上帮助企业，持续的学习形成了一个正向循环。

当一个人在做一份既热爱又有回报的事业时，他会不断得到正向反馈，在不知不觉中上瘾。一旦上瘾，人们多会发挥更大的主观能动性，让自己和身边的人变得更加强大，更加优秀。

总结这个阶段的学习过程时我意识到，感性的力量一直在推动着我。我使用了在医院时的工作思路，我没有制订严谨的学习计划，也没设想自己在某个阶段应达到什么样的成就，只是跟着感觉，觉得怎么做是对的，就怎么去做。我为自己制订的种种标准也没太经过理性的分析，只有一个很感性的要求：一定要改变自己的命运！

感性力量一直在发挥作用。

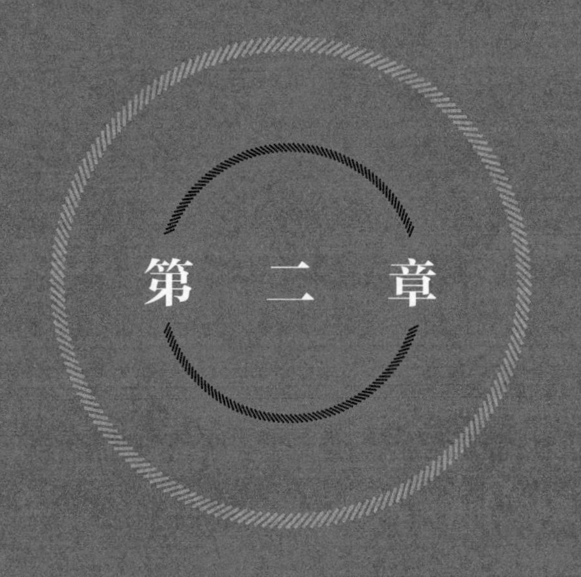

# 第二章

# 情商高就是感知情绪的能力强

## 情商是一种情绪智力

提到情商，很多人都觉得它是一种察言观色的能力，是能与别人融洽相处，让别人感觉舒服的能力。

可是在我看来，情商应该是一种情绪智力。一般来说，情绪有积极的、消极的，正面的、负面的。积极、正面的情绪，类似相信光明、敢于尝试、期待友善；消极、负面的情绪，类似陷入黑暗、拒绝前进、制造摩擦。

高情商的人，往往能通过情绪影响和带动别人，从而获得更多人的认同和帮助。成功的人之所以能连接很多的人帮助自己，主要是因为他们能给他人带来情绪价值。

有些人看待成功的角度跟我不一样，看到别人成功，觉得只是那些人运气好。

我不否认，人的成功确实需要一些运气。但是，运气并不是随随便便降临到某个人头上的。

“运”是由“云”和“辶”组成的，“云”指被他人听到；而“辶”，则代表行，指一个人的行为被他人看到。人在做一件事时，要说得漂亮，更要做得漂亮，只有二者兼备，才会有“运”，才能和好运相关联。至于“气”，它是能量的散发，是一种外在的展现形式。气质是种感性的东西，它能让他人感觉自己是可信的，或者让别人愿意跟自己交往。若很多人都被气所吸引，就会形成合力。

所以，一个人要有努力的过程，要能说又能做，还要被更多的人所信任，才能接近成功。换句话说，高情商会给人带来好运气，好运气能够助人成功。

那么，情商对个人和他人来说，又有什么样的意义和价值呢？

## 感知场合利于精准定位

谈情商，一定要在具体的场合里，也就是我所说的道。人们要对场合有一定的感知，然后基于场合定义自己的身份，以及自己将要做的事情。如该说什么话，该采用什么姿势，该如何使用表情，等等。若分不清楚场合，人们在说话时往往容易犯错。比如有些明星，若在某个场合高估了自己的地位，说出一些与身份不相符的话，哪怕只有一句，也可能毁掉他苦心经营的形象，甚至使他在娱乐圈销声匿迹。

其实，我也犯过这样的错误。

我的父亲是一名普通的铁路职工，他除了对自己的专业领域十分了解，在木工、电工、水暖工、家电维修等方面，他也很拿手，他甚至会用缝纫机做衣服、织毛衣。人人都夸我父亲心灵手巧，亲切地叫他“张万能”。但父亲性格直爽，说话很容易得罪人。小时候我不懂事，只觉得父亲好厉害，也学会了像他一样“怼人”[①]。20多岁时，我在医院做实习生，因为不分场合地怼人，还与别人打了一架。

2002年，我在北京的一家部队医院实习，我是学校在该实习点的负责人。当时的我情商简直是负数。做了很多事，却总吃力不讨好。有一天，因为一件鸡毛蒜皮的小事，我怼了一位同学，对方招架不住我的毒舌，憋得满脸通红，她的好朋友看不下去了，出于义气，站出来跟我打了一架。20多岁的大姑娘因为情商低和人打架，你们可能无法想象。打完架之后，我忽然意识到，因为说话方式不对，我让身边的人很不开心，大家都不喜欢我，这是不对的，是我的问题。我知道，我一定要做出改变了。一个人从原生家庭中学来的处世方式无论是正确的还是错误的，均将收到来自社会的反馈。

① 怼人：意思是嘲讽人、讽刺人；其中“怼”有“揶揄、讽刺”的意思。

## 让自己和别人同时感觉舒服

经过仔细观察，我发现身边有很多情商高的人。他们的高明之处，不仅在于能分清场合，知道该说什么不该说什么；更在于他们总能让自己和别人同时感到舒服，让别人很喜欢和他们在一起。

在肿瘤特需病房工作时，我认识了一位护士长。她的年龄比我大 10 岁，由于太喜欢她，我们亲切地称她为“英子妈”。她的到来是一个礼物，没几天，就让科室里一片欢声笑语，让沉闷的肿瘤病房有了更多的生机。她有一种超级连接力，整个医院的工作人员都是她的好朋友。她打破了医生和护士之间的界限，医生和护士不但在工作中合作更加默契了，还在下班的时间一起聚会、吃饭。英子护士长的高情商，在她说话、做事的时候体现得淋漓尽致。她能在很真挚地表扬一个同事的同时，让其他同事也感觉舒服，同时调动起大家的工作积极性。

经过仔细观察，我发自内心地佩服她，努力向她学习。在这个过程中，我对情商产生了很多新的认知。后来，我改行去医药外企做了销售，情商变得更重要了。我在每天的工作中不断地练习，情商也慢慢提升。如今，很多人甚至会给我贴一个“高情商”的标签，我自己也成为具有高情商好口才的讲师，我的“高情商好口才训练营”成为学生们最喜爱的课程之一。

回头看看自己这些年的经历，我从一个情商是负数的人，变为可以指导其他人提升情商的老师。我的情商在不断地提升，眼界也在不断变得开阔。我能感知和包容的人与情绪越来越多，让自己和别人同时感觉舒服的能力也越来越强。

## 情绪价值更能打动人

提供价值可以使生命变得有意义。很多人说，我每天工作、劳动，花费了大量的时间、精力、体力，一直在创造价值，也在给别人提供价值。这种价值，主要是人力价值和物质价值。

可是，随着社会的发展和进步，我们会发现，人们的需求层次在不断提升。根据马斯洛需求理论，我们的需求已经上升到精神追求的层次。高情商的人，可以游刃有余地与人相处，能够为别人提供更多的情绪价值。

有些人觉得，提供情绪价值是一件很难的事情。根据个人经验，其实每个人都能做好这件事，我们所能提供的最简单的情绪价值，就是对别人微笑。这一点，我在直播间中实践过无数次。很多朋友都跟我说，我的笑容很有感染力，令他们有一种被治愈的感觉。

可惜微笑的力量被很多人忽视了。想象一下，和一个人接触，你是喜欢他满脸笑容还是喜欢他沉着一张脸？如果你喜欢别人笑，那别人也一定喜欢你笑。这是一种感性力量的传递，是情绪价值的最简单的展现。

高情商的人很会用微笑打动人，让别人产生舒服的感觉。下次在面对别人时，试着嘴角上扬，轻松微笑。

## 情商的核心是认识自己的情绪

前面已经说过，情商是一种情绪智力。情商高的人对自己一定有着非常清晰的认知。而且他们也知道，要先了解自己的情绪，再为别人提供情绪价值。

很多时候，我们之所以无法判断和疏导自己的情绪，其实是因为对自己不够了解。跟别人发生冲突时，大多数情况下都没有意识到自己已经陷进去了，因为情绪发生在爬行脑层次[①]，总会在第一时间出现。这时候，我们会表现得像动物一样，没有办法理智地克制自己，察觉自己的状况，要从负面情绪中抽离出来当然很难。

① 爬行脑：出自三脑理论，三脑理论设想人类颅腔内的脑并非只有一个，而有三个。这三个脑作为人类进化不同阶段的产物，按照出现顺序依次覆盖在已有的脑层之上。这三个脑分别被称作视觉脑、情绪脑、爬行脑。三脑就像三台互联的生物电脑，各自拥有独立的智能、主体、时空感与记忆。爬行脑位于大脑的最里层，是最古老的一层大脑，它是我们和其他动物所共有的大脑结构。爬行脑的功能和天赋让我们能迅速对刺激做出反应，当我们的生命或躯体遇到危险时，这种反应的速度将变得非常快，有时甚至比意识还快。

《西游记》里有一句话叫“看见即降服”，即菩萨一来，只需要喊一声妖怪的名字，原本孙悟空都打不过的妖魔鬼怪就立即现出原形。如果我们将那些妖魔鬼怪看成是人的负面情绪，就会发现，只要透过现象觉察自己的消极情绪，就有可能消除它们。

究竟应该怎么觉察和判断自己的情绪呢？

根据我的经验，观察对方的反应，其实是一种特别好的方法。我们可以通过观察别人的情绪，反过来思考自己的状态，判断自己的情绪。

感受得多了，人慢慢地就觉醒了。当然要注意，对别人的观察不是卑微地去迎合或者奉承别人，而是通过别人发现自己，对自己的情绪进行检验。我们只有把别人当作镜子，照一照自己的负面情绪，才能够更好地修炼自己。

那么，在觉察自己的负面情绪之后，应该怎样去疏导自己呢？下面我将分享几个常用的小技巧。

## 想象自己手里拿着带皮的水果

我们可以想象一下，自己手里拿着橘子或香蕉这样带皮的水果。再把水果的皮，想成我们的负面情绪。在负面情绪出现时，我们应尽快意识到自己的情绪不好了，也就是前面提到的“看见”，然后再把想象中的水果皮慢慢地、一块一块地剥下来，剥完之后，把它们扔到垃圾桶里，表示负面情绪已被扔掉。我们也可以真的拿水果，做上述的动作。

我们要减少负面情绪带来的影响，就要看清它本来的样子。只有做到这一点，才能客观地看待当前的局面，进而做出正确的选择。

## 给自己心理暗示

我在医院当护士时见到了很多生死离别的场面，以至于后来觉得，这个世界上，除了生死，没有大事。

我在护理患者时，也看到很多人在和死亡做斗争。这样的事情经历得多了，对很多事情就看得淡了。

女儿打篮球，把膝盖磕破了，流了很多血。她很委屈，情绪也很不好。换作别的家长，可能会急急忙忙地把孩子送到医院包扎。可我只是给她拿消毒水冲洗了一下，连一句安慰的话都没有，孩子觉得很委屈。我对她说：“你这点儿小事，算什么啊，妈妈以前在医院，比这严重的情况见得多了，篮球运动本来就有激烈的对抗和碰撞，受点儿伤很正常。”

遇到类似的事情，我也总是暗示自己，只要不涉及生死，便算作小事情。总这样想，我的负面情绪就自然而然地消失了。

## 用合适的方式进行客观表达

人在情绪之中，往往容易冲动，脱口而出的话有时会带来一些无法挽回的后果。在面对这种情况时，虽然该说的我一定会说，但不会口不择言。我通常用感性的方式先对对方的情绪表示体谅，待对方将情绪调整到一个平和的状态，再跟对方讨论问题本身。

在这一过程中人们无须思考，只需要使情感自然流露。

在沟通中，环境和场景都很重要，它们对沟通过程和结果有很大的影响。我们要用让对方感到舒服的方式讲话，用对方最易接受的方式表达。

当然，我们并不需要去适应所有的人，也可以让别人适应我们，用自己感觉最舒服的方式和别人接触。

我们不仅要耐心地把话表达清楚，还要告诉别人我们自己的立场是什么，更要有同理心，站在对方的角度思考问题，用合适的方式进行表达。

势能高的人，站在高位，处于优势地位，要学会照顾他人的感受，向下兼容，用对方觉得舒服的方式表达。

势能低的人，不要过度放低自己，这样反倒让对方不舒服。不如先试着让自己舒服，不卑不亢地表达。

势能相近的人是背靠背的关系，双方需要信任，一起把该做的事情做好，并平等、直接地表达自己的观点。

# 掌握情绪四象限理论

每个人都有自己的情绪，这些情绪会在特定的场景中产生。但是因为针对的对象不同，它们的外在展现形式也有所不同。

越是在亲近的人面前，我们越容易表现出糟糕的情绪。我们的焦虑、愤怒、嫉妒、悲观、冷漠，都更容易留给身边最亲近的人。

为什么会这样？从科学的角度来说，是因为人们都有感性脑和理性脑。

丹尼尔·卡尼曼（Daniel Kahneman）在他的《思考，快与慢》中讲到，人的大脑分为感性脑和理性脑。感性脑总是通过情感、经验和记忆，迅速做出判断和反应。它看起来见多识广，比较勤快，但是也很容易被各种偏见引导，做出错误的选择。理性脑惯于调动注意力，通过逻辑计算、推理来分析和解决问题并做出决定，它会比较慢，看起来有点懒，经常走捷径，但不容易犯错。

人们在动用理性脑时，需要消耗更多的能量、氧气，损耗更多的脑细胞。所以，对于最活跃、最聪明的大脑来说，理性思考从来都不是第一选择，这其实也符合自然界的省力原则。

在面对情绪问题时，人们的大脑同样会遵循这一原则。人们在亲近的人面前不想费力思考，所以说话往往不过脑子，把糟糕的情绪都发泄出来。

图 2-1 为情绪四象限理论模型。

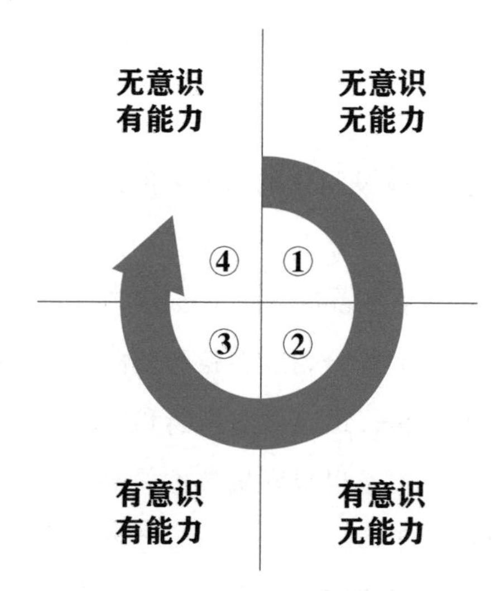


图 2-1　情绪四象限理论

## 第一象限，无意识、无能力

在这一阶段，我无法发现也无法控制自己的情绪，感觉怼人怼得很爽，事后回想，简直就是站在愚昧的巅峰。

## 第二象限，有意识、无能力

在这一阶段，我开始对情绪控制有了意识。拿我自己来说，我已经意识到情商的价值，但还没能拥有高情商。我看到情商高的护士长，意识到自己需要提升情商，开始向她学习。

## 第三象限，有意识、有能力

在这一阶段，我有意识并可以控制自己的情绪，我早已意识到情商的价值，也通过刻意修炼拥有了高情商。用高情商给我的客户提供了情绪价值，在完成销售工作的同时，我说话已经能让人很舒服。

## 第四象限，无意识、有能力

在这一阶段，我能很好地用自己的情绪为他人提供情绪价值，别人都说我情商高。我说话仍是脱口而出，通常没有刻意措辞，也尽量做到了让他人听起来觉得舒服。

拥有高情商的人，一般都会经历这四个阶段。在不同的阶段，面对不同的人群，我们也有着不同的指导策略。

从第一象限到第二象限，给他提醒即可。这个阶段，用责备、责骂的方式提醒别人是于事无补的。因为在对方既无意识又无能力时对他指指点点，对方首先感受到的是被责骂，第一选择一定是对抗。我们要做的，只是提醒他情商有多重要，让他先产生提升情商的意识。

第二象限到第三象限，需要教方法。在这个阶段，对方已经有了想要提升情商的意识，只是找不到方法。我们要做的，是真诚地给出建议和方法，帮助对方提升能力。

第三象限到第四象限，形成习惯。在这个阶段，对方需要的是将情商方面的知识内化成自己的东西。我们要做的，是不断帮对方做强化练习，使其把高情商变成一种自然的释放。

掌握这个四象限法后，面对糟糕的情绪，我大部分时候可以找到合适的解决办法。它实实在在地帮助到了我，让我可以用不同的视角重新看待身边的一切。在为别人解决情绪困扰时，它也常常起到意想不到的作用。

有一天，在一个公开的会议室中，一名学员向我提问。她说她很困惑，她帮妹妹带孩子，可以带得很好，什么事情都顺心；可在带自己孩子时，就总觉得揪心、痛苦，感觉自己说什么孩子都要反驳，孩子很叛逆，不听话。她很着急，有一种无力感，觉得似乎越是用力，事情的结果越不好，问我应该怎么办。

听了她的描述，我感同身受。因为我在带侄女和自己家孩子时也有过这样的感觉，我发现别人家的孩子好像更愿意听我的话，我也更愿意心平气和地跟那个孩子说话。

所以我说，在带孩子时，我们要有一种思维，那就是把自己家的孩子当成别人家的。我们可以想象这个孩子是别人家的，只是被暂时寄养在自己家里。这种心态可以在无形中帮我们解决很多亲子矛盾。

这让我想到了我初中时的班主任老师，她的教学水平特别高，曾经教出很多学霸，同学们都很喜欢她，她也很喜欢与同学们交流。

可是自己的孩子犯错，她就像“母老虎”一样，不是对孩子咆哮，就是拳脚相加。她的孩子和我是同班同学，老师会在上课时训斥自己的孩子，吓得全班同学大气不敢出。我想，为什么老师教我们时总是心平气和，可是一面对自己的孩子，就这么没耐心呢？

结合学员的困扰和自己的种种经历，我意识到，原来大部分家长都一样，可以教别人的孩子，教不了自己的孩子。

对象不同，人的情绪表达方式也会有所不同。展现在外面的东西，其实不一定是人们内心的真实写照。先学会识别情绪，我们才能更好地疏导情绪，拥有更高的情商。

而且，在日常生活中，我们要刻意培养一种能力，试着努力看到事物积极的一面。多关注一些令人开心的时刻，以此降低负面信息的影响。当这种能力达到足够高的程度时，在遇到某些情况之后，我们就可以凭着惯性消除糟糕情绪。

# 换位思考的本质是利他思维

关于同理心和换位思考，有太多的人进行过太多的讨论。想拥有这两种思维，需要站在对方的视角，理解对方，高效地接收对方的话，并抓取重点，保证后续沟通顺畅地展开。

对换位思考，我有几种不同的解读角度供大家参考。

## 拿你所有的，换你想要的

很多时候，换位思考可以解决问题，不能换位思考则会让事情变得更糟糕。

事情事情，有事有情。事的层面，是要有共同的意见，需要大家先解决一个问题；情的层面，包含了自己的需求和别人的需求。双方一起做一件事情，能够产生交集的部分，就是共同的目标；没有交集的部分，是需求有所不同的表现。

所以，我们一定要认识到，人与人的交集，其实也是彼此的利益结合之处。在某个时刻、某种场合，人们会形成某种共同利益。为了达成共识，磨刀不误砍柴工，人们会先去满足别人的需求，经过换位思考，问题也更容易得到解决。

也就是说，想要得到，要先付出。拿你所有的，换你想要的，这样你便可以在满足别人的基础上解决事情。

## 用好情绪 ABC 理论

心理学研究发现，很多时候，人们在遇到一件麻烦事时，往往容易凭直觉对人发火，出现对人不对事的情况。在大部分情况下，并不是事情对人造成了伤害，而是人对待这件事的态度伤害了自己，这就是心理学上著名的情绪 ABC 理论。

这一理论是由美国心理学家阿尔伯特·艾利斯（Albert Ellis）创建的，A（Activating event）是指激发事件，B（Belief）是指个体对激发事件 A 的认知和评价及产生的信念，C（Consequence）是指行为后果。

这个理论认为，A 只是引发 C 的间接原因，而引起 C 的直接原因是 B。

举个例子，员工工作不认真，这是 A；主管非常生气，这是 C。很多主管觉得，是因为 A，所以才有 C。实际上呢，A 和 C 并没有直接的因果关系，其中还有一个 B 在发挥作用，这个 B 就是主管的信念。

这个信念是什么呢？ 是主管认为员工不服管教、消极怠工，无法体谅主管的苦心，搞不清楚工作的意义是什么。有了这样的信念，主管觉得员工与自己的期待不符，才会有生气的感受。

在与员工沟通时，主管要明白，一个人对一件事情不正确的认知和评价而产生的错误信念才是导致情绪爆发这一结果的直接原因。在面对情绪问题时，主管应先冷静下来，客观地进行分析，这样才能减少错误信念带来的影响。如果主管的信念 B 能够有所改变，他会这样想：自己给员工安排的工作太多、太难了，超出了员工可承受的能力范围，所以员工才无心工作。此时，他就不会因为员工的表现而生气了。

换位思考是人性驱动的。想让对方更认同你，你就要先理解对方，这是符合人性和需求的做法。试着理解别人在做的事情，让自己的灵魂住进别人的皮囊，然后观察、体会别人的经历。感性的人往往很擅长抓住别人内心的真实需求。

不夸张地说，换位思考是与人打交道时最重要的法则之一。因为视角决定立场，你以什么视角去看待事情，往往决定了你最终会以什么立场去解决这件事。你需要的视角，更多的是对方的视角，而不仅仅是你自己的。为对方考虑的越多，你能得到的回报也将越多。

那么，怎么才能更好地看待和解决问题呢？

## 看到并接受不同

每个人的生活是不同的，经历是有差异的。比如，每个人的性格不同，职业不同，原生家庭的成长环境不同，等等。

在个人意识中，你首先要了解和接纳人与人的不同。看到和接受别人与自己的不同，才能避免陷入以己度人的陷阱。从某种意义上说，在做事的过程中，换位思考是开展良好沟通和合作的基础。

## 用善意揣测对方

很多人口中的感同身受，其实不过是一种自以为是的感觉。我认为，这个世界上往往没有绝对的或者完全的感同身受。在换位思考时，我们要做的是理解人性，通过想象，通过感性的力量，尽可能地体会他人的感受，更好地满足他人的需求，给予他们应有的帮助。

在这个过程中，有一个很需要关注的小细节。那就是一定要用最大的善意揣测别人，尽可能地抱着利他思维看待和解决问题。

## 找到关键原因

一个问题有各种各样的发生原因。换位思考的目的，就是要找到那个关键原因。

很多时候，在遇到复杂的问题时，人们更喜欢过度脑补画面，把责任归咎于某个人，甚至是推脱给某个人。但是在过度关注所谓的责任人时，反倒容易忽略关键原因。

## 行有不得，反求诸己

在遇到问题或者不同意见时，很多人的第一选择是说服别人，让别人听从自己的建议。实际上，在这种局面下，我们不妨慢一点，给别人时间，让他自己想明白。

我们要掌握一个很重要的原则：行有不得，反求诸己。把自己看作整个事件的关键要素，反思自己的问题。

## 让别人自己做决定

在心理学上，有一个理论叫作自我决定论。简单来说是在充分认识个人需要和环境信息的基础上，个体可以对自己的行动做出自由选择，主要强调自我在动机过程中的能动作用。这也是每个人都有的心理需求，人人都需要受到尊重。

在处理问题时，很多高手都会用到这个心理理论，他们一向说话说三分，留七分给对方去悟。他们知道，如果把话说满，说够十分，会让对方觉得他们是在替对方做决定，反而会让对方产生埋怨。所以，尽量不要替别人做决定。

能理解对方的经历、想法、处境，站在别人的视角看待问题、解决问题，也是一种情商高的表现。

## 以“和”为重，消解矛盾

在生活和工作中，矛盾是永远存在的。面对矛盾，大部分人看到的是分歧和苦恼，很少有人从矛盾中看到“和”字。

一直以来，和文化都是中国文化特别重要的组成部分。《论语》中就提到：“礼之用，和为贵。”

在生活的方方面面，我们其实都能看到“和”对人们的影响。“家和万事兴”“和气生财”等都是对和文化的总结和概括。

北京奥运会也用“和”字体现中国人的追求和价值观。开幕式上，导演将甲骨文到简化字一一呈现在观众面前，将对和的追求和信仰，也全部呈现在世人面前。

如果我们能以“和”为重，从矛盾中看到“和”的意义，那么大部分矛盾可以被轻松消除。

毕竟，解决矛盾不是非要用到辩论的方式，争出个谁对谁错，谁输谁赢。以思辨的方式全面看待矛盾，找到和谐统一的解决方案调和矛盾，将起到事半功倍的效果。

调和中的“调”，是由“讠”和“周”组成的，很显然，它一定涉及说的部分，但是说也要说得周全，才满足调的要求。“和”的意思则是人们心里想的和嘴上说的，一定是相同的。

我在处理矛盾时，就很推崇这种和文化。大家都知道自相矛盾这个故事，几乎所有人都觉得卖矛和盾的商贩无法自圆其说，其实这是因为人们一开始就认定矛和盾是对立的。

如果我们能换个角度去想问题，矛是用来攻击敌人的，盾是用来保护自己的，那么矛和盾就统一起来了。在古代，战士们就懂得利用矛和盾，最大程度地保护自己周全。

在现代，坦克这种兵器就是非常出色的矛和盾的结合体。坦克的装甲很厚，不容易被打穿，而炮弹的杀伤力又很惊人。这就是矛和盾调和的对立统一，二者唯有保持一致，才能化解对立，共同发挥更大的作用。

出现矛盾时，我们要寻求动态平衡的感觉。我一直希望大家能追求共赢思维，共赢也不是单纯利他，单纯利他会让我们忘记自己，这样的关系是无法长久的。

有一本叫《价值共生》的书就写得很好。大家为什么能共生？是因为大家都提供了价值。而且，一个人在为别人提供价值的同时，一定也接受了别人的价值输出。双方互惠互利，合作共赢，才能实现共生。那些无法提供价值的人，会逐渐被淘汰。

一个情商高的人，一定拥有很强大的共赢思维。他们能够看到矛盾背后的价值，看到价值共生、合作共赢的可能性。

## 价值共生，价值观是标尺

人活到三四十岁时，一定要清楚一件事情：与谁为友，与谁为敌，与谁为伍。要与价值观一致的人在一起，远离价值观相悖的人，与价值观不完全一致但积极正向的人维持边界感。

很多矛盾是怎么来的？因为你把自己放在了一个容易被伤害的位置。人们想要维护一个与自己价值观完全相反的人，这本身就是高风险的事情，出现矛盾是必然的。

所以，那些价值观一致的人，才是需要我们用心维护的。我们与那些有着相同价值观的人为伍，将从根本上减少产生矛盾的可能性。对于高情商的人来说，这是一种十分常见的选择标准和思维模式。

## 合作共赢，创造共同价值

人们不太可能一生只跟价值观相同的人在一起，毕竟社会是多元的，我们需要跟不同的人打交道。对那些价值观不完全一致但积极正向的人，我们可以在保持边界感的前提下与其合作。

有一句话叫作“财聚则人散，财散则人聚”，意思是凡事不要只以利益为先，如果你把所有的利益抓在自己手里，那么身边的人会一个个离开；如果你能把其中一部分利益分给别人，那么大家都会愿意追随在你身边。这就是共赢，用利益换取别人的信任。

我有一个朋友，开了好几家工厂。在她的背后，有一个非常支持她的老板。这个老板很厉害，支持了很多像我朋友一样的人，让他们拥有了自己的工厂。

老板的合作模式很简单，他个人出资建工厂，却只占 60% 的股份，让合作者免费拥有剩下 40% 的股份。而在利润分配上，老板只占 40%，剩下 60% 归合作者所有。

对合作者来说，这是一个很好的合作机会，既能免费拥有股份，又能赚取大部分的利润，他们显然会为了工厂倾尽全力。短期看来，老板似乎有些许吃亏，但他用利益换取了别人的情感信任，这是一种情感储值。而且从长期利益来看，越多的合作者加入，他能获得的利益就越多。

如今，能为别人提供情感价值有时比提供金钱价值更有意义。一些企业家即便在财富利益上吃亏，但他们若能够积累情感价值，那么未来将可能有更大的收获。

## 升维解决，找到第三选择

面对矛盾，很多人喜欢在二维空间进行思考。当我们的思维被固定在矛盾本身时，有时无法消除矛盾。

这时候，我们不该选择矛或者盾，而应该跳出这个问题，找到第三个选择。怎么做呢？ 就是从更长期、更高维的角度去看待问题，以第三个视角重新定义问题，发现问题的本质。

如果只看眼下的问题或矛盾本身，我们往往会吃亏。想要消解矛盾，首先要改变的就是这种狭隘的思维方式。比如，短期内某一方的利益可能受损，那长期来看，双方的合作是不是能够弥补这个损失？ 如果两个人无法化解矛盾，是不是可以通过第三方协助化解？

通过转换角度，提升思维，我们可以发现很多新的选择，这对解决矛盾来说非常有帮助。

## 直面矛盾，有话直说

很多小的矛盾只与利益相关，并不涉及价值观。这类矛盾，我觉得直接面对就好，双方可以直抒胸臆，通过面对面的沟通解决问题。

我们要想办法提升自己，从根源上解决问题。

相较于隐忍不发，我更愿意让大家有话直说、直面矛盾，看到负面情绪带来的影响。虽然一些人很信任我，也愿意听我说话，但我并不会替他们做决定，我要做的是让他们看到矛盾的根源，帮他们复盘。

我的感性告诉我，如果矛盾不被解决，日积月累，只会引发怀疑和憎恨。对那些信任我的人，我不能任由他们被这种负面情绪折磨。以和为贵，化解矛盾，才是情商高的人该做的事。

## 真切体会周围人的感受

我认为，能考虑每一个人的感受是情商的最高境界，这并不是人人都能做到的。

想拥有这种能力，我们首先要能精准洞察，然后真切感受，最后学会追根溯源。在这方面我做得一直不错，凭着感性，我帮很多人发现了自己原生家庭映射出的人生状态，解决了他们一直以来的困扰。

有一次，有位咨询者到我的直播间，让我帮她诊断事业变现模式，梳理人生发展蓝图。她是一个有正式工作同时又想做一些副业的职场“宝妈”。

无论对主业还是副业，她对自己团队的要求都特别高，经常对下属说“怎么这么简单的事儿都做不好”，下属们都不喜欢她的态度。所以，即使是因为她的能力而追随她的人，和她在一起合作没多久，也受不了高压而辞职。对当时的她来说，最大的困扰是，无论是主业还是副业，她都无法搭建强有力的团队。她虽然很有能力，但只能孤军奋战。

听了她的情况，我直接问她：“你在家里是不是很强势？

对孩子是不是要求很严格？ 你的孩子是不是经常包容你的行为，甚至孩子会来主动哄你开心？”因为我知道，强势的性格是会辐射的，所以想围绕她的亲密关系进行挖掘。

她惊呆了，很诧异怎么全被我说中了，以上几个问题都给了我肯定的回答。我的直觉告诉我，她的这种非同一般的高要求与强势一定有很深刻的原因，于是进一步问了她几个问题：“你为什么会对你的合作伙伴有如此高的要求？ 你为什么会对自己有如此高的要求？ 你小时候遇到过什么事情？你的家里是不是有哥哥或者弟弟？ 家里人是不是有重男轻女的倾向？”

提到原生家庭，她一下子被戳到痛点。她说小时候爸爸妈妈都对哥哥很重视，对她少有关注。小时候的那些不好的感受，让她一直背负着沉重的心理压力，为了得到他人的关注和认可，她对自己要求超级高，从而导致成年的她对合作者的要求也超级高，她变得越来越强势。

她给自己起的网络昵称是“仙人掌”，觉得自己谁都不需要依靠，可以独自在贫瘠的沙漠上生长，用尖尖的刺对着别人。这就是她最真实的写照。

我对她说，你不妨先为了你最爱的人改变自己，孩子其实比你更加愿意原谅你。孩子对你那样的表现，其实是在讨好你，他希望自己乖一点，让你开心。每个孩子都是小天使，他们趴在云朵上选中了最喜欢的人，才成为他们的孩子。孩子觉得你是最好的，你应该这样对待孩子吗？据她说，在和我直播连线之后，她大哭了一场，对自己的童年遭遇也完全释然了。

我只用了 20 多分钟，就发现了童年给她带来的阴影，帮助她发现了自己的问题。在直播间围观的朋友都说，张婷老师太厉害了，20 分钟居然可以挖掘得这么深。其实我并没觉得自己有多厉害，只是跟着直觉，用心地与她交流，感受她的感受。事后总结时，我发现还是有几个好用的方法的。

## 让别人自己说服自己

我们在小的时候被家长和老师说教，长大后就成了自己所讨厌的样子，继续这样对我们的下一代或者身边的亲人。说教并不是一种好的沟通方式，因为它包含一些“强迫”的因素让他人接受自己的观点，是一种很无礼的行为。而我们用提问的方式让对方自己说出答案，就像让对方自己说服自己，对方会更容易欣然接受。这样的沟通也能更好地体现人情味和高情商。

以提问的方式与别人沟通，引导对方自己说出答案，对方会觉得那些表达是自己的真实想法，那些答案是自己思考的结果，会对你表示感谢。

如果你用说教，甚至强行要求对方做一些事，那么即便对方给出一样的答案，他们对你也只有反感、厌恶，这对大人和孩子而言都是一样的。

所以，能否感受别人的感受，很重要的一个衡量指标，就是能否巧妙地提问。

## 不以主观意识评判

“一千个人眼中有一千个哈姆雷特”，对同一个人、同一个事物，每个人的评判都是不一样的。一个人的主观评判难免带有偏见。

只要有评判就一定有偏见，偏见是如影随形的。在生活中，评判无处不在。所以，我们要通过刻意练习，让自己尽可能全面地看待事物。切忌轻易评判，尤其是轻易给予负面评判。

不轻易给出评判是一种态度，对方向你袒露心扉之后，你才有机会感受对方的感受。你若一味用负面评价伤害别人，别人都不愿意与你沟通，你还怎么去感受呢。

## 多给正向的、引导性的反馈

做到不轻易给出评判，你还要积极地给予对方正向的回应，时刻注意给对方正向反馈。真诚的、正向的、引导性的反馈，其实有助于你更好地感受别人的感受。

你真诚地给对方建议，对方一定能感受到你的良苦用心，知道你是想给予他帮助。你积极的态度会带动对方，强化对方的积极心态，使其更愿意与你互动。这时候，你只要认真倾听，就有机会感受他们的感受。

在倾听的过程中，你要抓住对方描述的核心点，让他回顾核心点，觉察核心点，然后将它放大或者看看他能通过这个核心点收获什么。在得到答案之后，你可以围绕这个核心点，积极、真诚地给出正向反馈，引导对方回顾和总结，让对方有所关注和收获。收获是对方很看重的价值，也是沟通的重要意义所在，若和你沟通的人每次都能在你这里有所收获，那就会和你有更多交流。

在帮助很多学员解决问题，甚至帮助更多人成长的过程中，我经常会用到这套沟通方法。首先，这个方法特别有效；其次，能与一群价值观一致的人同行，是一次幸福的生命体验之旅，我喜欢这种感性驱动的选择，享受“感受别人的感受”的过程。

我的经验告诉我，越能感受别人的感受的人，情商越高，他们往往可以更柔和地和这个世界相处。

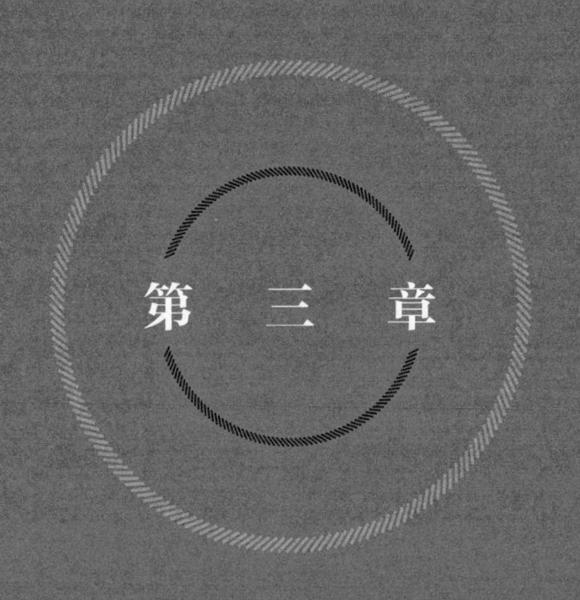

# 第　三　章

# 感性因素决定逆商高度

## 天降大任，逆商强者可担当

我一直相信，一个人降生在这个世界上，应该有自己的价值，应该为世界发展做出贡献，应该承担自己的责任，应该通过努力实现自己的梦想。可是，最终的结果是，有的人成功了，有的人没有成功。成功是一种更适应世界变化的过程，是绝对符合“适者生存”法则的。那些成功的人，一定拥有强大的逆商和内在动力，他们知道自己想做什么，要做什么。

孟子说：“故天将降大任于是人也，必先苦其心志，劳其筋骨，饿其体肤，空乏其身，行拂乱其所为，所以动心忍性，曾益其所不能。”意思是说，一个人要承受种种磨难，修炼身心，才有机会担当大任。

反过来说，一个人之所以能够成功，往往是因为经历了非同一般的磨难，承受了很多普通人所承担不了的事情。

在困难面前，在人性面前，或者在别人的讥讽面前，在各种各样的环境下，一个人是能坚持自己的本心，还是坚守自己的梦想，是在遇到挫折时选择放弃，还是一直坚持下去？这些选择对成功而言意义重大。

就我自己来说，我经历过几次很重要的逆商修炼，它们让我的感性力量逐渐变得强大。

## 第一次逆商修炼，与上军校有关

我的母校是一所军医大学，在那里，我从一个黄毛丫头长成一名在病房里帮助患者与死神搏斗的护士。那里被誉为护理界的黄埔军校，除了对专业水平要求极高，对部队条例的学习与执行，乃至生活的方方面面也要求严格。

我刚入校就要参加非常严格的军事训练，这可不是大家在非军校大学的那种军训。我们的教官非常严格，这也给了我一段难忘的人生经历。

尤其是叠被子这件事，我记忆犹新。刚入学时，每个学生都要排队领回一条被子。被子是全新的，被芯里的棉花很蓬松，它们在库房里存放时因折叠受压，变得皱巴巴的。而教官要求我们把被子叠成“豆腐块儿”。这如何做到呢？教官先给我们做了示范：我们要把被子铺在地上，人跪在被子上，用双膝和手肘关节形成一个平面，反复按压被子，直到把被子里的棉花压塌压平，再一点点把被面上大的褶皱压平。对一些顽固的褶皱，我们可以用学校发的不锈钢茶缸盛上开水，当作熨斗，逐一熨平。遇见更加顽固不化的褶皱，我们就要往被子表面洒水，再用茶缸反复熨烫，跪在上面压。晚上睡觉时，被子盖在身上是湿漉漉的，我们只能蜷缩起来，有时甚至不敢弄乱白天辛苦叠的被子，睡觉时把被子放在一边，睡在床的一个角落。但这些方法并不奏效，教官要求我们睡觉必须盖被子，第二天早上再重新把被子叠好。

总之，在军校接受的训练，使我的逆商得到极大的修炼。如今想来，这段人生经历某种程度上也锻炼了我的耐性，为我的创业成功打下了坚实的基础。

## 第二次逆商修炼，在医院工作

在医学生生涯的最后一年，我来到北京的一家部队三甲医院实习，实习期即将结束返校时，刚好赶上了“非典”，我所在的医院是全军的结核病中心，结核病房就成了收治“非典”患者的专属病区大楼。医院的正式医护人员都去了抗疫一线，普通病房需要大量的医护人员，原本连扎针机会都没有的实习生承担了高强度的工作。在学校学习输液血管穿刺时，我一直用假臂教具模型练习，它和患者的真实血管情况有很大的差距。假臂教具模型的血管又粗又直，不会在皮肤下面滑动，而真正的患者由于长期输液，血管很难被找到，还有的血管在接受治疗时被反复穿刺，已经硬化。但“一针见血”既能够使患者正常输入药品，又可以让患者减少被反复穿刺带来的痛苦，减小对血管的伤害。于是我偷偷地从治疗室里把止血带、消毒剂、针头等输液用品拿回宿舍，用自己的手进行练习。用右手扎左手，左手没地方扎了就扎自己的脚。经过反复练习，在临床的实际操作中我总是能够“一针见血”。患者很喜欢我给他们输液，护士长更是夸赞我：“有志不在年高，一个实习生的扎针技术也能如此娴熟。”

实习结束之后，我被安排在肝胆外科工作，对于一个需要经常接触腹部手术治疗的科室来说，其中的一项重要工作就是插胃管。在手术当日早晨，护士要将一根 60 厘米的管子从患者的鼻腔插入胃里。早上时间很紧迫，好几个手术室的工作人员在同时等着接患者进入手术间，我必须快速完成插胃管的工作。但插胃管令患者感觉特别难受，患者的配合度不高，经常会感觉恶心，有时甚至把插了一半的胃管整个拔出来，再尝试时会更加抗拒，乃至前功尽弃。而如果不能插入胃管，患者当日的手术就要被取消。为了快速掌握更好地给患者插胃管的技巧，我在治疗室找出新的胃管，对着镜子给自己插，并且特意一边给自己插，一边在小本子上记下胃管进入鼻腔的每一个位置的感受，以及在操作时应注意什么角度，达到什么速度，该在什么时间跟患者讲一句话以便让患者更好地配合。比如在胃管进入鼻腔15厘米的时候，患者会轻微不适，我就会告诉患者“放松”，在胃管到达咽喉部时，患者会感觉恶心，我就会让患者“大口吐气调整呼吸，再做吞咽动作”。有了数次宝贵的插胃管经验和操作笔记，我成了一名成熟的插胃管操作者，有时患者还没反应过来，胃管就插好了。因为有了给自己插胃管的经验，我也切身体会到，患者和护士需要双向配合完成这项操作。我用自己的身体做实验，有了操作者和被操作对象的双重体验，让插胃管水平得到了提升。

还有一次，在涉外病房，来自国外的一位肿瘤患者因为胃肠功能不良，腹腔胀气特别严重，需要进行胃肠减压。当班的护士给她插胃管怎么也插不进去，就把我叫了过去。我到病房看到的是手足无措的操作护士、着急无奈的医生、愁眉苦脸的患者的一双儿女，还有满脸委屈的患者。

当时我怀孕7个多月，医生提醒我说：“小心点儿，这位患者有些烦躁，别让她踢到你的肚子。”我说没问题。本来插胃管也是需要患者以坐姿配合的，但是患者的腹部胀得像个气球，身体又很虚弱，根本坐不住。我让患者的子女在病床两侧握住患者的手，给患者安全感，然后与患者沟通她需要配合做的动作，并演示给她看。之后的操作中，患者虽然稍有抗拒，身体一直颤抖和扭动，但我还是很快地完成了插胃管，在场的所有人都舒了一口气。

医院里，每一位医生、护士都坚持患者至上，坚守着这份神圣的职业，我只是他们中的一分子。在抗击“非典”疫情、支援“汶川地震”、抗击新冠肺炎疫情时，这些医护人员第一时间冲向一线，争分夺秒地挽救生命，无论面对的是困难、危险，还是死亡。

在医院的这段工作经历，让我拥有了更为深刻的同理心，也多了一份永不退缩的勇气。

## 第三次逆商修炼，在外企做医药销售

后来，我瞒着家里的长辈主动结束了医院的稳定工作，并前后于 3 家世界 500 强外企从事医药销售工作，成了老百姓口中的“医药代表”。在这项工作中，我的角色变了，医院的医生成为我要拜访的对象。我的工作内容、目标发生了变化，思维方式也需要转化。在每天的工作中，我面对的最多的情况就是被客户拒绝。与其他行业的销售不同，我面对的是一些专业性极强、工作极为严谨的人。这些主任和医生，在自己的专业领域深入研究，有自己的治疗方式，所以在整个销售工作中，他们占据绝对主动位置。而我需要的也不仅仅是真诚与勤奋，更是专业的技术。经过公司的培训，我成了一名能够给用户带来学术价值的销售人员，我努力用我的专业、真诚、细心打动客户。我传递国际前沿的医疗资讯学术文献，搭建客户之间的学术交流会议，和客户一起思考科室的发展建设和流程优化问题。不卑不亢、专业靠谱的我，赢得了很多客户的信赖，也出色地完成了业绩目标。

做医药销售的这段经历，使我理解，人在职业转换中应该有不同的担当；也让我明白了人可以尽快地适应环境变化，扮演好不同人生阶段的不同角色。

从事“天天被拒绝”的医药销售工作是我为了面对更多挑战而做出的主动选择，它让我发现人生可以有更多可能性。

## 第四次逆商修炼，向导师张萌学习创业

很多人认识我，都是从我与张萌老师的学习开始的，前面的几段经历是过去的我，大家认识的是被我重新塑造的自己。对自己重新塑造的过程，也是一个“绝境逢生”的过程。2019 年，我已经 38 岁了，工作遇到了瓶颈，自己也没有太大的成长与突破，女儿的教育方面也出现了问题，我找到张萌老师向她学习。38 岁、大专学历、从来都不自主学习的我，与那些年轻一些、学历高一些、经常通过各个平台学习的学员相比，毫不出彩。我需要兼顾职场打拼、生活家庭、子女

教育、自我成长 4 件事情，学习时间非常有限。于是我每天争分夺秒，戴着耳机听 6 小时以上的课，由于入耳式耳机长时间压迫耳朵，我的血液循环出了问题，耳朵里长出了血泡，我就把耳机挂在耳朵上听课。用了张萌老师的“学习五环法”后，我不但自己进步飞速，还成为一名学习成长教练，帮助更多的学员提升学习效率，收入也大大提升，达到年入百万元。很多人也是在听了我的这段经历后认识我，他们很好奇我如何做到这些。当时的我有一个执念，即要改变自己，用全新的方式面对未来的每一天。我不断地学习实践，从思维混乱到搭建起自己的知识系统，通过不断实践练就与夯实了互联网变现的能力，从独自学习到打造出千人的互联网创业团队。

从上军校到当护士，再到做医药销售，又到如今跟着我的创业导师张萌学习，我收获了磨砺与挑战之后的成长。我不敢说自己是一个成功的人，但相较过去的自己，我确实在不断进步，不断地提升人生的耐力，不断地让自己越来越有担当。坚持、吃苦耐劳、勇敢、坚强、独立、果敢等是我用来描述自己的词汇。如今在遇到任何问题时，我能承受更多，能通过内在动力激励自己勇敢地面对，能更快地找到解决方法。神奇的事发生了，我发现，当内在动力足够强大时，这股强大的力量常常会带我做出正确的选择，得到令我满意的结果。我的能力越来越强，逆商越来越强，能做的事越来越多，能影响的人也越来越多。

说实话，我一开始并没想过什么大的成就，所以总是从一些力所能及的小事做起，在长期的学习和积累中，逐渐进步。当思维和能力一起“长大”，再回看曾经的问题，便发现，大部分问题都不再是问题。

很多时候，人们并不是被困难吓倒，而是被自己吓倒了，工作时，觉得自己在为老板而工作，机械性地努力；遇到逆境时，觉得这就是坏事，所以选择逃避。

可我一直觉得，行难事必有所得，逆境让我得以挑战自己，让自己变得更好，所以我会主动挑战困难的事。

## 向原生家庭学习

在高考填报志愿时，我并不知道自己想上什么学校，只是单纯地觉得学护理一定能找到一份稳定的工作，于是在有护理专业的院校中选中了一所军医大学的高级护理专业。有人问我为什么会去上军校，我觉得应该也是潜意识做出的选择。

我小时候在奶奶那里上小学，她常常给我讲红军的故事，让我听各种红歌，这或许使我有了“从军情结”。直到现在，我还能完整地唱完两盘名叫《红太阳红歌大联唱》卡带里的所有歌曲。我的弟弟 8 个月大时，因为头部大面积重度烫伤而住进这所军医大学的重症监护室。那时我只有 6 岁，我记得自己趴在重症监护室的窗户上，抓着栏杆看弟弟。可爱的弟弟双手双脚被绑在病床的栏杆上，天真地冲着我笑。最后弟弟得以痊愈，我们全家都很感谢这所军医大学，这件事也使我对这所学校有很深的感情，让我知道了医护人员的人生价值。

因此，在填报志愿时，我自然而然地选择了这所军医大学，这也许是一种心理上的暗示。

## 向真实发生的事情学习

在医院的 8 年时间里，我目睹和感受了太多的生与死，深深地理解到生命既是顽强的又是脆弱的。生命是最宝贵的，帮助病患挽回生命成了我的使命。

记得在肝胆外科值夜班的一天，病区紧急收治了一位农民工，他在工地摔伤，被诊断为脾破裂。脾破裂的最大风险就是大出血，因此我们要紧急完成脾脏摘除手术。我分秒必争地执行医嘱，为这位年轻的患者做各种术前准备工作：备皮、插胃管、抽血、通知手术室备好手术台。手术患者要被抽7管血，以方便我们判断他是否符合手术条件、是否有特殊传染病等，我们还要看他的凝血时间、血色素等指标。等所有化验结果都出了报告，他才能上手术台。我很着急，在抽血时，一边操作，一边抬头看病房走廊里的时钟，以便准确记录患者的治疗时间。在抽到第3管血时，我一不小心把针头刺进了自己的左手拇指。这种情况属于职业暴露[①]，我需要尽快把血液挤出来，接受专业的处理，可是扎的位置刚好是指甲缝，我根本无法将血挤出来，只能一点点看着血从我的指尖流淌出来。一想到患者的脾脏一直在失血，有生命危险，我也顾不了那么多了，一路小跑地拿着7管血冲向检验科。直到把患者送进手术室，我才坐下来处理医嘱，书写护理记录。忙完这些工作后，我不断祈祷着患者千万别有什么传染病，因为那时候我还没有孩子，万一被患者的血液传染，不但需要接受复杂的治疗，可能连做母亲的资格都没有了。结果我还是很幸运的，血液检测报告显示患者没有携带传染病毒。

在医院工作的8年，发生了很多令人后怕的事情，但是

---

① 职业暴露：指医务人员在从事医疗、护理及相关工作的过程中意外被病毒感染患者的血液、体液污染了破损皮肤或者黏膜，或者被含有病毒的血液、体液污染的针头及其他锐器刺破皮肤，使其有可能被病毒感染。

我很感谢这段人生经历。我也相信，每一位冒着风险救治患者的医务工作者，拥有的都不仅是职业道德，更是一种被刻在骨子里的、用自己的生命帮助另一个生命的本能。

## 以人为师，向他人学习，同时向自己学习

“三人行，必有我师焉；择其善者而从之，其不善者而改之。”这句话教我们要保持好奇、保持谦虚，学习他人的长处，规避他人所犯的错误。对于向他人学习，我还有一个特别的思考。

有一种被很多人忽略的非常重要的学习方式，就是向自己学习。所谓的向自己学习，就是复盘。一方面复盘自己做对了什么，萃取相关经验；另一方面复盘自己做错了什么，下次不要犯同样的错。在我的孩子顺利出生之后，我对工作有了更多的思考。在上夜班时，我总要在孩子睡觉之前与他道别。不能陪在孩子身边让我觉得很难受。为了照顾孩子，我需要更多照顾家庭的时间。

所以，我决定从医院辞职，找一份医药代表的工作。

## 坚持终身学习，终身成长

在与张萌老师学习之前，我的职业生涯遇到了极大的瓶颈，市场上出现了很多我个人解决不了的问题。我第一时间想到了换工作，也确实面试了十多家公司。面试一圈下来，我发现我能入职的都是同行业的同职位，它们的工作内容基本一样，只不过是换了一批客户和产品而已。一个不会游泳的人，换再多的泳池也是没用的。有一次领导给我们开会，说他知道我们有人去其他公司面试。他让我们想一想，自己在这家公司究竟积累了多少人际资源，长了什么本事，如果能力上不去，那走到哪里都一样。

领导的这句话一下点醒了我，是啊，我不应该去找新工作，而应该去学习提升自己。我的第一感觉是，我的时间管理出了问题，所以，开始上网找各种指导时间管理的老师。

在听了张萌老师的一节课之后，我突然觉得自己前半生白活了，她的课完全刷新了我对世界的认知。我每天 5 点起床学习，晚上等孩子入睡后继续学习，白天利用所有碎片时间学习，在洗漱、上下班、等客户时，都在听课学习，就连孩子都用“妈妈，不要浪费耳朵”提醒我不要浪费听课时间。我下定决心给自己至少一年的时间成长，成为一个更优秀的人，以面对未来人生中的难题与困境。在强大的内在动力的驱动下，我克服了无数困难。可能有人会说，你认为的成功就是赚钱吗？ 也是，也不仅仅是。我经常告诉团队伙伴，应牢记两句话：知识就是生产力，实力就是竞争力。做到以上两点，你们到任何一个行业中都可以成为卓越的人。真正的改变，是从你真正下定决心的那个瞬间开始的，有了这个决心之后，你将可以在成长路上不断突破，克服种种逆境。

## 使命感带我穿越黑暗时刻

经常有人提到价值观，价值观在我们的生活中时时刻刻发挥者引导作用。

价值观会在理性分析判断前帮助一个人做出选择，可以说是内心的一把尺子，这把尺子给你一种感觉，你会根据这种感觉选择。比如你会选择什么样的人加入你的团队？ 是以赚钱为目标，还是以成长为目标？ 在看到一个社会现象时，你会支持还是会反对？ 抑或是在表达自己的观点时，要给他人传递什么内容？ 以上几件事都与价值观分不开。不过，相较于价值观，我更喜欢用使命感这三个字来表达自己的感受。

有使命感的人，往往清楚地知道自己想做什么，虽然没有缜密的分析与精细的计算，但是他们总能做出正确的选择，每一次的选择也使他们离自己的人生目标越来越近。

当然，有很多人，包括我自己，现在还想不到那么高远。或者即便想到了，在实现目标的过程中也会遇见变数。但学习和自我成长却是一个恒久不变的主题。一个人在人生旅途中要扮演的角色将越来越多，要面临的事项也越来越复杂，他必须不断成长才能解决更多、更难的问题。他必须通过不断地成长提升自己的能力，为他人创造更大的价值。这个价值是多层次的，比如财富价值，即你用自己的时间、精力、健康、智商、能力为他人提供价值，从而置换出你的“奖励”，以上元素全都加在一起才是一个人真正的财富。如果仅仅把财富价值理解为钱，你可能无法从更高的维度看待财富，也就不会拥有真正的财富。你在不断地为他人提供价值的时刻，也是不断强化使命感的时刻，你会越来越有使命感，从而拥有越来越多的财富。

很多学员对我说找不到自己的使命感，其实这是他们对自己现阶段的能力和终身价值的否认。想要拥有强大的使命感，持续学习是最好的方式。

我的使命感的形成，与年幼时奶奶对我的教导密不可分。由于父母的工作单位是建筑公司，属于流动性单位，所以我从学前班到三年级都是在奶奶家长大的，现在想来，那刚好是初步建立人生观的阶段。我记得奶奶教会了我好多红歌，给我讲了很多经典语录，如“乌鸦有反哺之心”“一寸光阴一寸金，寸金难买寸光阴”。而能留在人记忆深处的，并不是关于吃穿住用的物质刺激，而是语言提供的思想刺激。这些刺激无形之中使我建立了要为他人谋福利的使命感。

后来上了军校学习了护理，我的使命感变得更加丰富。

一路走来，感性帮助我做出了一次又一次对的人生选择，只要使命对了，无论做什么工作，都是有意义的。使命感在我看来是先于理性的，一个人先有感性的使命，才会有理性来支持自己实现人生的使命。所以，使命感的培养和修炼对人来说至关重要。

那么问题来了，普通人该如何拥有使命感呢？我在帮助学员成长的过程中，常常会用到以下三个策略。

## “抄”别人的作业，培养自己的方法论

很多人把金句视作“鸡汤”，我却觉得金句是人成功后写下的结论，是对一段经历的最精华部分的总结。不过一般情况下它难以被习得和复制。而幸运的是，我们可以向有结果的人学习他们的课程，看他们写的书籍，大量的成功方法论就在书中。我们用很少的金钱就可以换回他们经无数次试错、无数次突破自己而总结出的成事方法论以及宝贵的经验，简直是“四两拨千斤”的成长捷径。我们把这些经验拿过来，去听、学、研究、复制、践行，可以节省很多自己摸索的时间、精力成本，避免很多挫折，以更快、更精准的方式达成自己的目标。

时间管理专家张萌老师在课程中讲到，她自己的时间颗粒度是 15 分钟，很多学员感觉践行起来很难，我就建议大家把自己的时间颗粒度调整为 30 分钟，去尝试、学习他人的思路、理念和方法论，经过反复磨合、实践，最后形成自己特有的做事方式。我用这种方法实现了一年顶十年的飞速成长，也找到了驱动自己学习的力量：有什么不会的时，可以向已经做到的人学习。

## 用好工具，让方法论落地

君子善假于物也，工具是人类功能的延伸，我很舍得在工具上花钱。在帮助学员们学习成长的过程中，我也特别鼓励他们用工具。工具是落实方法论的一个抓手，通过恰当的工具落实方法论，我们可以做到事半功倍。工具在实操环节能够起到很重要的作用，节省出来的时间和精力远远超出了不用工具而消耗的。所以我一直思考：做这件事有没有更好的工具？ 这个工具能不能被应用在其他不同的场景中？ 只有不断地寻找更好的工具，我们才可以探索出更多可能。

例如：学习时间管理时，我会用到效率手册、总结笔记，落实质量管理的每一个环节；高效学习时，我会用到康奈尔笔记本和录音笔等工具，帮助我保持较高的学习速度。这些工具会让实操过程变得简单，更可以提升效率，使我更轻松地拿到更好的结果。

在用学习成长驱动使命感的过程中，工具是必不可少的。

## 方法论变习惯，使命感知行合一

有了方法论，准备好了工具，下一步就是践行了。好的践行环境对使命感的养成有很大的影响。

用好的工具践行方法论，去探索、执行，最终将方法论变成好习惯，将一件很难做到的事情变为自己的行为方式，是很了不起的。很多人认为拥有好口才、进行公众表达很难，我要求自己口才表达按次迭代，一天至少进行 4 次 1 小时以上的输出，这也使我练就了针对一个主题做 1 小时演讲的能力。奶奶说过一句话，习惯成自然。人可以通过持续学习变得越来越厉害。很多人在实践时很难坚持下去，我就带着团队为广大学习者做各种习惯养成社群，带着大家把一天 24 小时应该具备的好习惯养成了一遍，课程内容涉及读书学习、饮食、作息、运动、情绪等，帮助每个人从细节开始改变，从而遇见更好的自己。在社群里，我们组织大家共同学习、讨论，让更多人通过践行正确的方法论而受益。更多人在一起践行一些事时更容易成功，这也进一步增强了大家的使命感。

所以说，使命感并不是虚无缥缈的东西，通过方法、工具和践行的共同作用，大家可以尽量做到知行合一。

在整个过程中，感性会发挥指引作用，驱使我找方法，践行、找好的工具，不断的实践又使我形成好的习惯，由好习惯带来的自然而又感性的东西最终将体现在我的身上。

在修炼中，我要从不会到会，从舒适区到学习区甚至是挑战区，其中必然遭遇很多挫折，这一过程本身也是修炼逆商的过程。

在这之中，你的使命感将越来越强，再面对逆境，你就会变得很从容。你可以坚持实现自己的梦想，可以更顺利地穿越各种各样的孤独、迷茫的时刻。

在跟随张萌老师学习的过程中，我逐渐发现，如果我以一名学习教练的标准要求自己，将会学习和成长得更快。想要帮助更多的人学习和成长，良好的口才是必备的要素之一。虽然我之前做过销售工作，但依然感觉自己的表达非常无力、乏味、浅薄，所以我决定练就好口才。我一边学习着张萌老师的口才课，一边给自己定下了练习的目标：每天站立朗读50页书，标准是三最法，即“最清晰、最快速、最大声”。读50页书大概用时2小时，我坚持了一个月，口腔肌肉灵活度的训练就完成了。随后，我抓住了一切可以演讲和开展公众表达的机会，同时每天用3小时时间辅导学员。从内容浅白，到干货满满；从上台双腿哆嗦、嘴唇发颤，到自信大方、铿锵有力，我成为一名有着高情商、好口才的讲师，帮助更多人拥有了好口才，也帮助了更多人不断地自我突破、学习成长。

使命感促使我努力提升自己的表达能力，推动更多人到达成功的彼岸。我把自己训练口才过程中的所有经验整理成了“轻松自信公众表达”和“高情商好口才训练营”两套课程，分享给团队作为内训教材。让信赖我的团队成员争取通过好口才拥有人生财富。

从自己学习到带动团队伙伴一起学习，一切得益于使命感的驱使，无论遇到多么糟糕的境遇，心里总有一盏明灯，指引着我不断向前。在带领大家不断进步的过程中，这种使命感逐渐变成了我的信念。即使遇到逆境，我也会想：“太好了，又来了一个挑战，我要战胜它。”通过10个月的努力，我被青创智慧集团评为“百万创业者代表”，我送给自己和其他所有人一句话：“拥抱挑战，用努力谱写优秀！”

## 不要以失败者的视角看世界

我一直觉得一个人之所以失败，是因为他暂时缺乏对这件事的胜任能力，并不意味着他永远无法成功。我经常用“提交表格”来比喻失败。假如你面前放了一张表格，需要把所有的项目勾选完毕，表格方能被提交成功。有任何一道题漏了，你都会收到“第几题没有勾选”的提示。我们可以想象一下，获得成功的过程就像在一张任务表格上打钩，能力和条件达到一项标准，就可以在相应的位置上打钩，每多打一个钩就说明你离成功更近了一步。当你的能力得到提升，将所有项目都打上了钩，成功往往会来到你的身边。如果你无法提交表格，那代表某一项也许是缺失的。也就是说，成功的某些标准你还没有达到。这些标准有可能是时间管理、情商、学习力、思维认知、格局、领导力、销售等，也有可能是团队、导师等资源。不过这也没有关系，哪里不足补哪里，你可以提升自己，也可以与他人合作，把那些没完成的完成。

在这里要提醒大家一点，很多时候，大多数人更喜欢关注没能达到的标准，而不是已经达到的。明明你离成功只有一步之遥，却因为“这一步”而否定所有，最终让自己陷入失败。还有一些人会落入“自己必须要拥有所有条件才可以成功”的误区。其实对自己没有的东西，你可以通过外界的力量将其整合成自己的资源，“为己所用”。

比如我很想创业，但是在能力和资源不足的情况下，我没有必要重新创造一个项目，而是可以“寄生”在一个和我价值观一致的事业上，和志同道合者一起创业。如今我和青创平台的合作就是这样的方式，这样不但可以规避创业风险、提升创业成功率，还让我找到了滋养自己，自己也愿意终身从事的事业。

没有彻底的失败者，也没有绝对永恒的成功者。人生是一个过程，不要在自己生命还没有终结时便画上句号。

## 不要用过去的失败否定未来的成功

很多暂时失败的人喜欢回顾过去，否定自己未来可能获得的成功。他们觉得，失败是有惯性的，自己丝毫看不到胜利的希望。

实际上，你原本拥有的能力与资源也是你通过努力得到的。今天暂时的不成功，并不代表你过去的一切都被抹杀了；

也不代表你未来无法弥补失败。只要你不断学习，持续修炼自己，机会一定会多多光临。想要快速达到别人那种卓越的状态却无法达到时，不要强求自己，更不要责怪与否定自己，而是找到与自己和解的理由。为什么别人那么优秀，我却做不到？其中是有原因的。了解自己目前的存量，用存量优势补足增量，是一个很好的成长方式。那么，应该如何与自己和解呢？

## 清楚地知道自己积累的时长不够

一些人之所以优秀，是因为他们已经练习了很长时间，有时间的积累，有量变到质变的过程。这一点是短期学习者所无法比拟的，我们要增加修炼的时长。

## 明确自身基础条件

拿健身来说，我将自己和帕梅拉（Pamela）进行了对比。她是专业的健身教练，我是初学者；她的身体肌肉含量、肌细胞力量、心肺功能等各方面条件都优于我这个初学者，我不可能在短时间内做得跟她一样好。

拿训练口才来说，有的人在工作中就有很多表达的机会，只需要学习表达逻辑和技巧方法即可；有的人工作起来天天对着电脑，从来没有公众表达的机会。人们只有在了解自身条件之后循序渐进，才能不断走向成功。

## 明确变化需要过程

达到某种良好的状态需要一个过程，也需要保持良好的心态接受这个过程，而不是短时间内一次求好。

你应在成长过程中接受自己的现状，不要因为达不到别人的样子而感觉苦恼。在困境面前，在重复的过程中，你要解决内在的问题，做到自洽，这也是一种很重要的能力。

## 不要以别人的成功衡量自己的失败

很多暂时失败的人很喜欢以别人的成功来衡量自己的失败，看到自己跟别人的差距，就自暴自弃，觉得自己注定是一个失败者。

在我辅导的学员中，确实有不少这样的人。看到别人的成长比自己快就认为自己不行，从而放弃学习；甚至有些人刚刚学习了 3 个月，就要跟学了两年的人比，一想到别人已经学习了两年，就感觉自己永远不能超过别人，完全失去了努力的动力。

要知道，每个人都是一步一个脚印走过来的。从 0 到 1，从 1 到 10 都是需要积累的。我们应以成长型思维看待自己的进步，把目光放在自己脚下，而不是别人的脚下，更不要一味地用别人的成功来否定自己，这样才能不断看到自己的进步和成功。

我经常给学员们念叨以下四个成语：绳锯木断、水滴石穿、聚沙成塔、集腋成裘。没有人能一步登天，成功不会一蹴而就。坚持“小步原理”，看到自己的点滴进步，将其积累起来，这样我们将更容易成功。

## 具有积极、感性的认知

有些以失败者定义自己的人，会找各种借口为失败开脱。过分强调客观因素造成的影响，却没有思考自己究竟能做哪些努力。

有的学员会跟我说：“我也很想和你们一起学习，可是条件不允许呀，我的学习能力不够、我需要带孩子、我经济状况不好不能付学费”等，总之就是没办法投入学习。

我其实能感受到，这些学员本质上都是积极的学习者，对感性有着自己的认知。他们也想改变生活现状，却又认为自己的学习将会受到各种因素的影响。实际上，换个角度去看待失败，问题将烟消云散。

从某种意义上说，在社会上经历的失败，其实就像在学校参加的考试。学校会组织很多考试来考查学生的学习成果，期中、期末考试都是用来检验学生哪里学得不够扎实的，好让学生回过头温习功课。而生活中没有考卷，学校的考试是检验学习成果，生活中的失败是检验人生，检验你是否掌握了解决人生问题的方法，反观自己哪里做得还不够好，哪里需要改进。

我其实也有过很多失败的经历。如很多次考试的失败，很多次达不到业绩目标的失败，很多次面试的失败。我是如何处理失败的呢？就拿面试这件事来说，每次面试即将结束时，面试官都会问我："请问你还有没有什么问题想问我？"我总会问："您能详细地跟我说一下这个岗位的具体要求吗？如果我面试成功了，就会按照这个要求去做;如果面试失败了，我也知道自己在哪方面还有欠缺。"

我能提这样的问题，其实也是感性使然。我并没试图用一个所谓的技巧性问题来博得面试官的好感，而是从自己的内心出发，想着不要错失成长的机会，了解更多的职位要求，今后做到精准努力。面试官讲的一定是符合他的标准的人才。或者说，我保持了"通过不断学习提升自己"的念头，凡是对学习有帮助的事，都会第一时间前去询问。如果面试成功了，那我就会按照老板的要求努力工作，即便没有获得这次工作的机会，我也能了解一家公司对这个岗位的人才的要求与期待。我继续向着这个方向努力，将很快成长为符合岗位要求的人才，所以这个问题对我的未来而言是很有价值的。

提问某些“攻略”中被设计出来的问题，会让自己显得不自然，还是用真诚的讨教换来的真诚答案来得更实惠。我是一个不善于理性分析的人，但是发自内心行事反而可以帮助我快速做出正确的决策。

就拿我为什么会有写这本书的念头谈起，我仅仅有一个简单的想法：将我这个普通人成长的感受和经验写下来，分享给更多想要改写人生的普通人。上一秒有了这一念头，下一秒我就拿起手机，给刘 Sir 发了信息，问他：“我想写一本书，可以吗？”那时我与刘 Sir 刚认识没几天，我们仅仅见过一次面。凭直觉我认为刘 Sir 可以帮助我。现在想想，我能从网络上联系到刘 Sir 也是感性的力量在发挥作用。这就是感性认知给我带来的益处，它帮我进入一个完全陌生的领域，连接到了图书行业的头部大咖。

如果非要描述感性是一种什么样的力量，不如说它是一种心的力量，这个力量会让人的脑海中出现一个想法，这时候人的第一感受就是最真实的感受。如果再加上一些理性思考分析，为这个想法粉饰一层厚厚的东西，反倒容易得到歪曲的结论，浪费了时间。

我想告诉大家的是，我们在生活中确实会经历各种各样的事，如果正心、正念，很多东西其实不需要我们过度进行逻辑思考。我们用感性思考，跟随内心纯粹的感觉，往往能得到更好的答案。

## 好奇心是摆脱困境的利器

我一直觉得，自己内心充满好奇，对未知的事物，有一种莫名的探索欲。这种好奇心，可能源于父亲的影响。他很喜欢拆装各种电器，研究它们的工作原理，也特别喜欢 DIY（Do it yourself，自己动手制作），从缝纫到编织，从美食到铁工艺，很多别人不敢做的事情，他都会努力尝试。

拥有好奇心的人往往对世界有源源不断的新鲜感，它们是人们用来探索未知世界的利器。尤其是在我们身处逆境时，好奇心能帮我们脱困。缺乏好奇心的人，在逆境中容易陷入死循环，若一个问题解决不了，他们会一直耗在上面，直到筋疲力尽。

这就像一个每天工作、回家，生活两点一线的人，在遇到问题时往往很难短时间内想到解决的办法。因为他们没有开阔的眼界，不知道如何向外探索。

举个例子，你按照惯性思维拿到了一个 A，可是你不太满意。这时，如果你想拿到比 A 更好的 B，就必须要改变思维和行事方式。一旦做出改变，你将可能拿到新的结果；如果思维方式一成不变，你拿到的结果依然会是 A。

此外，在改变的过程中，好奇心也将发挥巨大的作用。有好奇心的人，往往愿意脱离原有的轨道，会在两点一线之外，探索新的可能，这样他们可以有更大的机会发现新的人、新鲜的事物。也可以说，有好奇心的人，更容易找到改变的路径。

我的第一份工作为护士，第二份工作为医药销售，第三份工作为互联网创业教育，它们属于完全不相干的行业，有着完全不同的工作内容，如果没有强大的好奇心支持，我将很难接受这种跨度。

我一直坚定地相信，除了死亡，所有的事情都有解决方案。

那么，具体来说，应该怎样练就强大的好奇心，在挫折中不断探索呢？我很喜欢的一种方式是读书，通过读书拓展知识边界，与更多的智者进行精神交流。

## 好书和答案都是被搜索出来的

现代社会，搜索力是很重要的一种能力。你必须有搜索的意识，在确定目标的前提下，基于主题展开搜索，深入地定义问题，进而借助各种资料，找到相应的解决办法。

在这个时代，其实有很多渠道可用，课程、书籍、视频、直播等都可以被用来寻找解决方案。

绝大多数问题都有现成的答案。如果你觉得自己遇到了一个全新的问题，那么恭喜你，这是万里挑一的。拥有强大好奇心的人，总能通过搜索找到大部分问题的答案。

## 关注主题，也关注作者

在通过图书进行搜索的过程中，你会发现很多不同的答案，那么应该如何找到正确的答案呢？

我一直保持一个读书的习惯，就是进行主题式阅读。遇到想探索的问题，我会将与主题相关的书买回来，然后快速浏览。虽然看起来对内容的了解不够深入，但搜索面大，涉及的还都是作者的专题研究，并非泛泛之谈。当浏览过所有相关主题后，我便对这一主题有了初步的认知，对每一位作者的观点也都有所了解。我不会单纯地看到某一本书的某一个观点就把它当作答案去用，而是检索大部分书所认可的观点，它一般是相对正确的答案。

我家里的书，基本都是用这种方式买回来的。比如，我想研究“如何学习”这个主题，就把名字中有“学习”两个字的书籍全部买了回来。其中有关于成年人学习的，也有关于孩子学习的，加起来一共 30 多本。我虽然不太细读，但有需要就会去书架上翻一翻，在书中寻找对我有用的观点。

在跟随张萌老师学习的这 4 年里，我细致地从头到尾读完的书连 10 本都不到，但我买回家的书却有 600 多本。通过快速浏览，我获取了大量来自专业人士的信息，这是非常有价值的。我读书并没有什么诀窍，就是在需要时去翻阅。多翻几遍，自然就可以找到解决问题的答案了。这样读书，可以使我在某个主题上实现单点突破。如果想深入探索，我会从相关主题中先找到比较欣赏的作者，关注他，再把这位作者的所有作品买回来。之所以这样做，是因为我感觉到这位作者的作品中一定还有我需要的内容，一种感性的力量在推动着我去发现更多的可能。

## 把书当作鲜活的人

我家里有 600 多本藏书，这些书大部分都很新，有的书我只看过目录就没有再翻开了。虽然我没有把所有的书逐一读完，但是家里有什么书，被放在什么位置，我都很清楚。直播时，如果需要提到哪本书的知识点，我都可以快速、精准地找到这本书，直播间的小伙伴都对我的这一能力表示惊叹，问我是如何做到的。首先我的书是根据使用场景被分类放置的，再就是我经常站在书架旁边翻阅它们，它们都是我的朋友。我感觉每一本书都有自己的性格和气质，我只是凭感觉认为它就应该在那里。

我还有一个神奇的能力，拿过一本书看一下书名，再听听别人的简单介绍，不用翻看，就大概知道书的内容。既然有人拿这一主题写书，说明这一主题很重要，我需要关注相关主题并将相关建议修炼成习惯，如果我已经熟悉某一方法论，我将直接运用，遇到不清楚的细节问题，再去翻看书籍，按照书中的方法操作。比如有一本叫《高能量姿势》的书，封面上有一个木头人，我听人说这本书讲的是在一定的环境下，人要有一个能够给自己带来勇气和能量的姿势。我大概就知道这本书讲的是身体姿态对心理的影响。我没有再翻开这本书，把它放在我的书架里。

很多读书能力强的人每年能读 300 多本书，而我是每年囤 300 多本书。我认为这些书是人生系统搭建过程中非常重要的一部分。我几乎天天都在买书，确实也看不完。我们的人生系统不但要包含足够强大的人际关系系统，也要有足够强大而完备的知识系统。一本书就是一个人的智慧，用 600 多个人的智慧来赋能自己的人生，人生的基本盘会更加稳固。每当遇到解决不了的问题，我就找对应的书学习，这相当于在向作者请教。同一类型的书，其实代表了不同的人对同一个问题的理解和建树，我通过读书把作者们的思想进行分类整理，找到适合自己的方案，它对我来说就是最佳方案。

我感觉自己每读一类书，都是在读一类人，有人喜欢逻辑，有人喜欢实践，有人喜欢情绪，有人喜欢探索。在读书的同时，我可以感受到一个人的思维方式，这比仅仅读完一本书收获的价值更大，很有意思，也让我对这样的读书方式越来越感兴趣。

把原本不擅长的事情，变成非常感兴趣的事。兴趣驱使我越来越喜欢读书，现在，我成为一名会拆书领读的老师，带领近万名读者精读了个人成长、亲子教育、时间管理、自律健康、商业模式等领域的书籍。在一定程度上帮助想读书的人解决了不知道读什么书、不能坚持读完一本好书、读完书不能知行合一这三大难题。我不断地用读书来拓宽自己的生命领域，同时带领更多的人实现成长。

## 在刻意练习中看到不一样的自己

逆商的养成需要经过刻意练习，刻意练习的背后，其实是重复的力量。只不过，很多人以为重复就是“再做一遍”，这也是很多人不愿意重复的原因。

在物理学上，有一种说法叫机械性重复。很多人都陷入“机械性重复”的陷阱，机械性重复就是单纯地把上次做完的事情“再做一遍”，基本不用动脑思考。这也是很多人不断重复之后依然过不好这一生的原因。

要知道，刻意练习并不是简单的重复，其背后的含义是复利，每次重复跟之前的重复都是不一样的。

拿我自己举例：第一次我是张婷，第二次我是“张婷 +1”版，第三次是“张婷 +1+1 版”……每一次的重复，本质都是升级后的自己在行为处世，结果也是不一样的，会产生新的复利。复利的力量非常强大。在每次重复中投入自己的智慧、配置更优的资源、付出更大的努力，我将越来越接近成功。

美团的创始人王兴曾经说过：“大部分的人，为了逃避思考可以做任何事情。”若没有投入心力，重复则只是重复而已，是无效的努力，自然难以长期坚持下去。但加入思考，结果就不一样了。每次重复都是新鲜的体验，人们会抱着好奇心持续探索。

也就是说，与机械性重复比起来，刻意练习需要思考和优化的环节来支撑，使人们在重复中不断提升。

## 带着心理表征练习

我有一门名叫“高情商好口才”的课程，第一课的内容是训练口才的正确方式，在里面我提到要带着“心理表征”练习。什么是心理表征？ 就是做某件事情的正确方法。比如学游泳，正确的姿势、正确的用力方式就是心理表征。按照正确的方法练习，很快就能习得方法；没有按照正确的方法练习，相当于在走弯路。

所以，若人们带着心理表征练习，练习就是一个有意义的甚至高级的重复。带着目标感不断地优化，用对的方法重复，练习才能成为真正有价值的刻意练习。

## 从教练那里得到反馈

刻意练习中有一个非常重要的角色，就是教练。教练首先应示范如何正确地做，其次要在你重复练习时给你反馈。要么是正向的反馈，告诉你这样做是对的，下次继续；要么是建议性的反馈，告诉你哪里做错了，下次要怎么做才能更好。通过一次又一次的精准反馈，你可以让自己快速成长。

如果你对刻意练习有所了解，这个教练完全可以由你自己充当。很多课程我会反反复复地听，每次听，都能听出不一样的东西。同一段话，第一次听觉得这里是重点，第二次听又觉得另外一处是重点。我会在不同的轮次中得到不同的认知。因为我一直在学习，认知也一直在升级，随着时间的累积，同样的课程我学出了不同的深度。同样的一本书，每看一遍，我都会看出文字背后的内容。

## 学会借题发挥

有时，我会戴着“显微镜”看书，对书中的内容进行深度剖析。我会基于作者的某句话，深度思考他的底层逻辑是什么，或者说我可以怎样借题发挥，把它延展开来，更好地进行刻意练习。

很多人觉得，“借题发挥”是一个贬义词，形容一个人没事找事。实际上，它是刻意练习的重要能力之一。在遇到问题时，不能只简单地处理这个问题，而应该看到问题背后可能存在的更多问题。我很喜欢用借题发挥这个方法学习。

要如何“借题发挥”？举一个管理团队的例子。我的团队成员中有 60% 的人有自己的工作，有 10% 的人是全职宝妈，另外有 30% 是创业者。但是无论大家来自哪里，我们的最终目标都是要把团队成员培养为能够独当一面的创业者。一次，一个团队伙伴在群里要一条会议的录音。当时这个会议录音已经发布了，在社群里就可以找到，我就借着这个机会教育了他。当然，我对事不对人，只是正好出现了这样的场景，使我可以帮助团队伙伴提升思想维度。

我在群里说：我们已经不是原来的打工人了，要把自己定位成一名创业者。创业者就要多多操心自己的事情，做到不等、不靠、不要。我们要主动留意自己认为重要的信息，每个人在团队中的学习和成长都是平等的，没有上下级关系，大家通过彼此贡献价值在一起。想要获得更多的成长，你就应该积极主动地去学习。我把自己找会议链接的方法分享到群里，告诉大家如何找到相应的链接，还告诉大家，获取资源是一种能力。人人都能去想如何贡献力量，那团队就会有非常丰富的资源。人人都以创业者的标准要求自己，才会打造出有进取精神的文化，团队才可以共赢。

通过借题发挥，我产生了更多的相关性联想，可以站在更高的维度表达思想，让一个“题”发挥更大的价值。

不断利用重复的力量，可以实现从量变到质变的跃迁，实现人生的突围。而且，这种重复是感性的重复，不是机械性的。刻意练习是有情感的、有思考的练习，不枯燥乏味的，相反还充满乐趣。我们应该像打游戏、谈恋爱一样，享受刻意练习的过程。

## 自律应顺应规律

很多人认为，自律是一种自我约束，其实不是。自律的本质，应该是寻找自己与宇宙规律的和谐统一。

做违背个人意愿的事情，才需要约束；做自己特别愿意做的事情，就不会感到被约束。当一个人与宇宙的规律和谐统一，他就会达到更高维度的认知，进入“自燃”的状态，约束感自然消失不见。

我所看到的自律的人，不大会强行约束自己去做一件事情，而是与宇宙达成和谐统一。比如，每天坚持锻炼的人，每天在固定时间读书的人，都不是在约束之下去做这些的，而是在了解了规律后，顺其自然地去做喜欢做的事。

想要做到和谐统一，你首先要了解自然的规律，然后了解身体的规律，接着了解心理的规律，等等，最后，把这些规律有机地统一起来。

在自然规律中，太阳是太阳系的中心，地球是它的卫星；地球周围有人造卫星的环绕，地球又是这些卫星的中心。也就是说，中心其实只是一个相对的概念，随着环境的不同，中心随时可能发生变化。

既然如此，那人也可以成为中心。也确实有那么一些人，会把自己当作一切的中心，认为这个世界是围着自己转的。如果把世界比作一朵花，这些人会觉得自己是最中心的花蕊，周围的人、事、物都是以自己为圆心辐射出来的。

关于身体的规律，《黄帝内经》称女性的一个周期为 7 年，男性的一个周期为 8 年。一般来说，女性 14 岁逐渐性成熟，35 岁开始衰老；男性 16 岁才逐渐性成熟，40 岁逐渐衰老。这就是人在不同阶段的身体变化规律，能与这个规律良好配合的话，人的身心都会感觉舒服。

除了身体规律，在成长过程中，人的心理规律也会产生变化。从大脑的发育到各组织器官的发育，再到心理层面的发育，其实大都有规律可循。

张萌老师讲过人与人之间的“三圈六关系”理论，三圈六关系最里层的小圈指自己与自己的关系；中间层指自己与家庭的关系，包括与长辈、爱人和孩子的关系；最外层指自己与社会的关系，包括高势能关系及低势能关系。

人的心理也随这一关系的变化而变化。

一开始我们通过了解父母，初步了解这个世界；稍微长大一些，我们通过与晚辈、平辈和长辈的接触，进一步了解这个世界；步入工作岗位之后，我们在跟领导、同事、客户交往的过程中，更深入地了解世界。随着一步步的成长，我们对世界和人性的认知越来越全面，心理也越来越健全。

可是，很多人即便到了很大的年纪，也并不完全了解自己与自己的关系，有些人甚至根本就不知道自己与自己这层关系的存在。这样的人自然无法自洽，要做到自律，是非常困难的。

处理好自己的“三圈六关系”并自律的人，并不会让自己倍感折磨，而是过得非常惬意。因为真正的自律是顺应规律的，就像庖丁解牛一样，是层层推进、轻而易举的。

至于如何养成自律的习惯，我可以为大家介绍几个小方法。

## 相信学习的力量

我始终相信学习的力量，我们遇到的大部分问题，都可以通过学习解决。对各种规律的了解往往是通过学习来实现的。

脱离了学习，我们很难理解规律，自然很难做到自律。有些人就喜欢闭门造车，想要自己悟出一些规律，且不说悟出来的是否正确，明明可以通过学习掌握的，偏要花费大量的时间自己琢磨，这样的性价比着实不高。

而且，不了解相应的规律，我们也很难顺势而为，更容易遇到逆境。

## 观察别人和自己

除了学习，我们还要学会观察，观察别人哪些地方做得好，哪些地方做得不好，他们究竟是怎么做的；观察自己，看看自己身上发生了哪些微妙的变化，怎么做才能更加自律。

俗话说："纸上得来终觉浅，绝知此事要躬行。"通过观察，我们会有更深刻的体悟。观察得越是细致入微，我们越可以收获有用的信息和反馈；不仔细观察，反而易东施效颦，贻笑大方。

## 边摸索边实践

有学习的动力，懂得观察还不够。想要养成自律的习惯，我们还要边摸索边实践，研究出一套符合个人特色的模式。这样，在实践的过程中，你才能找到自己最舒服的状态。

比如，你想做直播，在看了很多人的直播后，学到了很多方法，也观察到了主播和观众的变化。但是真正开直播后，还是要不断地摸索和调整，根据自己的风格，选择让自己舒服的直播方式。毕竟人与人的条件和情况不是完全一样的，你不可能百分之百地复制别人。只有你自己感觉舒服、自然，观众才会觉得你真实，才会喜欢你。

我一直强调，自律是最让人感觉舒服的。你可以借助感性的力量，找到这种令自己身心惬意的状态，以此刺激自己的各种感官，形成肌肉记忆后，自律的习惯就养成了。

## 掌握方法，修炼逆商

人会遇到各种各样的事情，人生中也有各种各样的苦难和窘境。每一段人生经历，其实都可以被当成一次绝佳的修炼机会。

小时候我们有父母在身边，很多事情父母可以帮忙，而长大成人之后，几乎所有的事情都是需要我们独立面对的。修炼逆商，可以帮助我们更好地面对困难。

顺境和逆境其实只是一念之转。老子说，“祸兮福所倚，福兮祸所伏”，转换观念看待一件事情，就可以看到更多的希望和机会，让感性变得更加有意义。

我最早做社群时，遇到了一些瓶颈。刚开始，我觉得做社群，数据是最重要的，然而搜集数据又是我的弱项。每当看到别人做的精细化数据运营，我都非常羡慕。后来我想明白了，数据仅仅是社群的一个要素，而我们做的整个活动是一个系统。随后我便不会单纯地纠结数据，而是带着团队做完整的活动策划。这个策划比社群更为丰富，有前中后营销内容、奖励之类的环节，比单纯的社群高级多了，也丰满多了。可以说，它是一个庞大的系统，需要经过全方位的统筹。接下来，我围绕着“项目活动策划”这一主题展开各种学习，我发现自己对互联网创业又有了更深刻的理解。随后，我把这种学习方式和思路分享给核心团队，鼓励大家都用这个思路去学习如何做好社群，如何用“项目活动策划”的思路系统化地处理其他项目，这样整个团队的视角和维度都提升了。

经历这件事情之后，我发现修炼逆商并不像想象中那样难熬，有了正确的方法，修炼也变得很有趣。

## 强化正向动机

在修炼逆商的过程中，我们尤其要强化积极正向的动机，不要给自己消极暗示。有些人觉得，强化动机就是强迫自己做事情。实际并非如此，强化动机是靠好奇心驱动的。

事情做不好时，我们不要焦虑，也不必有畏难情绪。每个人都有知识盲区，总会遇到难题。发现了知识盲区，才能探索最优解，这其实是给自己创造成长的机会。

比如，指数型组织的增长模型是一个新的命题，大家都在进行探索、创新，但由于没有固定的标准答案可供采纳，只能持续探索，不断进化，直到找到一个最优解。我觉得这是一件很有意思的事，可以探索无限的可能，让视野更宽阔。所以，我把相关的书籍都买了回来，没事就翻一翻。我也知道，知识永远都学不完，指数型组织的增长模型本身又很复杂，学起来肯定有难度。但那有什么关系呢？ 至少我有事可做了。并不是所有的问题都需要被完全解决，我们可以在探索中不断地寻找最优解。

喜欢去做，有意愿去做，这就是最好的动机。动机是好奇心带来的，只要我们对新鲜的事物保持好奇心，愿意主动探索，这种动机就会越来越强烈。

所以，我从来不认为有什么解决不了的难题。可是大多数人呢，总是喜欢在一个点上死磕，有种不撞南墙不回头的倔强。这样做未必解决得了问题，还可能让问题越积越多。倒不如换个思路，探索其他的解决方案。毕竟，方法总比困难多。问题解决不了，不是因为问题太难，而是因为你以为它只有一个解法，实际上解决它是有多种途径的。

如果思维不够活跃，缺乏好奇心，总想靠蛮力对抗问题，那么失败便不足为奇。有好奇心的人，从来不会觉得问题是问题，反倒认为出现问题是件好事。有了问题，人们才有探索的方向，才能不断强化自己的动机。可以说，好奇心是人的感性中最宝贵的东西，对修炼逆商有着不可替代的作用。

## 给自己一些小奖励

所谓奖励机制，笼统地说，其实就是在解决问题之后得到的正向反馈。这种反馈可能是金钱、物品、口头表扬等。它可以是自己给自己的，也可以是别人给自己的。

做成一件事情后，很多人都喜欢给自己一些奖励，如吃顿大餐、买个包包、看场电影等。这些物质奖励，对修炼逆商确实会起到推动作用，但实际效果有限。好些在专业领域不断打磨的人，会觉得物质消费分散了自己的注意力。

我一向认为，给自己最大的奖励是把喜欢的事情做得更好，把做不好的事情做好，而不是买东西或吃美食，所以我很少用物质奖励自己。建议做自己喜欢的事，因为对不喜欢的事，我们很少会关注，做起来也是很大的折磨，不会投入其中。

## 与价值观相同的人同行

做有意义的事情时，找到与自己价值观一致的人同行是非常重要的。

有些人觉得，找人陪伴就是找朋友倾诉，在失败时、情绪不好时，总希望有个朋友能给自己安慰，陪在自己身边。

实际上，这样理解陪伴过于局限了。找人陪伴，应该是找到有共同愿景的人结伴而行，大家一起努力把事情做好。这样的陪伴才是好的陪伴，才是一种以更高思维面对逆境的方式。

上文讲到的修炼逆商的方法，无论强化正向的动机，给自己一些小奖励，还是与价值观相同的人同行，其实本质上都是感性的力量在发挥作用，感觉对了就能往前走。很多人质疑，感性只是一种感觉，有那么大的力量吗？其实感性的力量被低估了，它能促使人变得更加优秀，带来心理层面的改变。

只要你懂得发挥感性的优势，把它变成一往无前的动力，那逆境将不再像你想象得那般可怕。

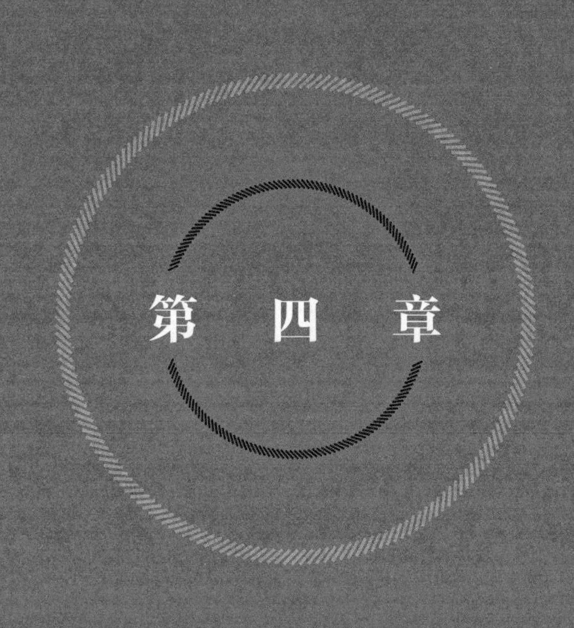

# 第　四　章

# 动用感性脑，学习更高效

## 大脑分工：感性脑和理性脑

关于左右脑的分工，很多人已经有所了解。左脑掌管理性思维，右脑掌管感性思维。左脑用逻辑、计算、推理解决问题，右脑靠感性、直觉和经验去解决问题。二者虽然有分工上的区别，但是就重要性而言并没有高下之分。国内的教育体制更加偏向重用左脑，无论学的是语文、数学还是英语，都强调用左脑学习，导致对右脑的开发稍显欠缺。更大的问题在于，虽然人们重用左脑，但是左脑的很多功能并没有被挖掘出来。

中国文字的一大特点是包含许多象形文字，通过图像学习，效果其实很好。所以我一直觉得，激发孩子对象形文字的好奇心，让他们产生学习兴趣，往往更能唤醒孩子的学习动力。

可很多让孩子背诵、抄写的机械性作业，无法将孩子的学习动力与感性联系起来，以至于孩子逐渐失去了学习兴趣。

我看过一本介绍教育的书。该书提倡的教育理念是“先见林，后见木”；而前面提到的法则体现了“先见木，后见林”的教育理念。打个简单比方，“先见林，后见木”的教育更像是盖楼，人们会先设计蓝图和框架，再打磨细节；“先见木，后见林”的教育更像是拼拼图，人们先掌握碎片知识，再将它们拼装成完整的系统。一个中学生通常需要同时学习 7 ～ 9 门课程，注重培养系统性思维，他们才能更好地进行知识的管理，不然就会淹没在知识里。

意识到这一点后，我在辅导孩子学习的过程中，会更注重调动孩子的感性脑，帮助她尽早看到知识的全貌，使其更容易理解这个丰富的世界。

那么，具体怎么做，才能更好地调动感性脑呢？

## 利用画面感和动态感

从感性的角度来说，色彩斑斓的东西更受关注，更易让人产生印象。运用色彩丰富的图画，显然是有利于学习的。

在远古时期，人类先祖在捕杀猎物时，对色彩斑斓的动物更有兴趣，关注度更高。当它们移动时，人类先祖也会产生更多的画面感、动态感和想象力。由此，他们对这类动物的追逐会更加猛烈。可以说，人类对感性需求的追逐，是藏在内心深处的欲望之光，是一种原始机制。

所以，在学习时，我们应该让大脑多产生一些画面感和动态感。通过展示画面、动画、场景等来激发右脑，从根本上激发学习动力。因为画面传递的信息比文字更丰富，调动的器官更多，而且，能激发大脑产生联想，将各种画面、知识等串联起来。很多人学习效率不高，就是因为头脑中的知识缺乏关联性，在需要使用的时候难以及时调取出来。

所以，要成为好的学习者，一定要积极观察，必要时，可以用画画的方式刺激大脑。

## 模仿是一种本能

小的时候，我们什么都不会，即使没人教走路，没人教说话，这些技能，我们慢慢也都掌握了。原因是什么？因为我们会模仿，模仿是人的一种本能。照着别人的样子去做，久而久之，就学会了。

在学习上，我们也不一定非要从理论学起，完全可以通过模仿自己的榜样激发学习动力。榜样的言传身教，往往比枯燥的理论讲解更加有趣，更能带动高效率。

我跟学员交流时，常常说学习就是照样子，就是模仿。别人怎么学的，你就跟着怎么学；别人怎么说的，你就跟着怎么说。“照葫芦画瓢”虽然不一定能像别人画得那样好，但其中的精髓还是能掌握个七八分的。我就是通过在妈妈做饭时帮厨，模仿妈妈做饭的样子，不知不觉学会了做饭。

## 探讨式的学习

我一直有种感觉，未来的学习方式一定是探讨式的。因为人们会越来越意识到感性对学习的重要性，会越来越喜欢通过探讨快速学习。

人类历史上最早的大学，就是一群人共同讨论话题的地方。可见，探讨式学习在很早之前就出现了，它应该是学习最初的样子。

在更加重视感性力量的未来，人们会更愿意参与讨论，探讨式的学习让学习变得更加有趣，也可以让所有人不知不觉地沉浸在学习之中。

如今，很多人在读书、听课时基本不会提问。他们不是真的没有问题，而是不太思考，缺乏主动学习的动力。这种被动的学习，作用非常有限。如果能通过提问展开互动，以探讨的方式努力学习，人们就能最大化地激发自己的动力。

所谓“三人行必有我师”，其实每个人身上都有值得学习的闪光点，探讨式的学习也更符合人性的需求。

在多年的学习经历中我感觉到，因为学习方式不同，左右脑被开发的程度也有所不同。强调左脑学习的方式，其实也会用到右脑，只不过右脑不是学习的主体，它只是把一些场景像拍照片一样拍了下来，并将照片储存在我们的大脑中。如果我们长时间不用这些“拍下来的”知识的话，它们就会慢慢变成潜意识。

它们并没有消失，在以后的某个场景中，当我们触发这些潜意识，学习过的东西又会闪现出来。比如，我上学时，物理、化学并不是很精通，可是前段时间帮学员拆解课程时，忽然发现上学时学的物理、化学知识居然还在脑海里。一次在直播间，我甚至可以用画图的方式为大家讲蒸汽机的做工原理。这其实就是潜意识在发挥作用。需要这些知识时，它们被提取出来，就是感性对学习的影响。

## 多感官刺激，立体性学习

想要更好、更快地学会知识，我们要尽可能调动自己的多个感官，将视觉、听觉、触觉、嗅觉一起用起来，刺激大脑，才能让学习更加立体、更加多元、更加全面，学习效果更佳。还有一点，每个学习者擅长的学习方式不一样，有人善于学习文字，有人善于学习声音与画面，我自己更擅长通过听的方式来学习。用听的方式我可以学得特别快，我甚至可以用 2.0 倍速学习课程内容，但是换成看我就学得很慢。

在带领上万名线上学习者学习的过程中，我发现大家喜欢的学习方式，有以下几类。

### 听觉型学习

听觉型学习者，一般喜欢听课程、音频资料，通过老师的讲解获取知识。我刚开始跟张萌老师学习时，听课把耳朵磨出血泡，一般人可能忍受不了，但我坚持了下来。因为听课带给我的成长的快乐感远远超过耳朵的疼痛。我很喜欢听张萌老师的课，而且效率很高。我虽然没有记很多整齐的笔记，也没有刻意地做归纳总结，但很快就能吸收精髓、融会贯通，有时课程刚一结束，我就能直接用学到的内容指导别人了。

想判断自己是不是听觉型学习者有一个很简单的办法，就是看看自己是不是能听得进去。当然，我没有提倡大家像我一样“将耳朵磨出血泡”，但是听的时候静下心来，能快速地听到关键内容并将其内化成自己的知识，也是很重要的。

### 视觉型学习

这里说的视觉型学习，主要是指利用眼睛进行的学习。视觉型学习者很喜欢看书，看学习资料，以及其他一些文字类的东西。在看的过程中，他们能很快地吸收知识，从中获取想要的信息，并高效地学习。

### 视听型学习

如今这个时代，视频和图像信息充斥于各行各业。无论听觉型学习还是视觉型学习，最终都可能落到对视频或是图像的学习上。因为视频既包括影像也包括声音，所以对视频学习其实是听觉型学习和视觉型学习的结合体。听和看相互融合，形成视听型学习。

对学习者来说，听是接收以声音的形式流入大脑的信号，看是接收以文字的形式流入大脑的信号。声音和文字二者互相翻译、印证，让学习者更好地理解学习内容，这是视听型学习的优势所在。

## 实践型学习

实践型学习的主要目的是解决问题。主要的学习方式是跟着别人学习，别人怎么做自己就怎么做。

比如说你要学习做公众号，就可以找教程，按照它指导的步骤做，学习第一步做什么，第二步做什么，第三步做什么。全都做完了，做公众号的基本方法也学会了。

在开始学习之前，你可以看一看自己是哪种类型的学习者。找到适合自己的学习方式，学习效率将事半功倍。

当然，除了学习类型，学习对象是另一个影响学习效果的重要因素。那么，我们应该向谁学习呢？

## 向自己学

最重要的学习对象，一定是你自己。很多人完全没有想到自己也可以向自己学习，更不知道如何向自己学习，就算学也学不到什么，这其实是一个误区。

向自己学习是最快捷的方法。前面说过，把每一次学习成功的结果总结下来，形成自己的经验集；把每一次失败的原因找出来，下一次尽量避免出现同样的情况。破解了向自己学习的密码，人就会成长得特别快。

## 向他人学

在向他人学上，很多人同样存在认知误区，那就是只向优秀的人学习。所谓“择其善者而从之，其不善者而改之”，很多人只记得前半句，却忘记了后半句。实际上，从别人的失败中学习经验，也是一种有效的学习方式。

我在医院当护士时，医院有一个机制，就是当护士产生护理差错时，护士长会组织全科的护士一起做差错分析。所有人一起讨论出现这个问题的原因是什么，在以后的工作中，大家若都注意一点，就不会有人再犯同样的错误。护理工作人命关天，稍微一点误差都可能是致命的。因此我常常警醒自己，别人犯过的错误自己不要再犯，这种学习方式是非常重要的。

## 向万事万物学

向万事万物学习，其实是人类一直在做的事，是人类聪明才智的体现。如向青蛙学习游泳，向鸟学习飞翔，向鸭子学习穿脚蹼，等等。

人们有时缺少的其实是思考能力。比如，向一棵树能学习什么？向一条河能学习什么？向一块石头能学习什么？我们身边的一切，都可以是我们学习的对象。

懂得思考的话，人们将变得非常谦虚，尽量不被高傲自满的情绪所困扰，保持终身学习的态度。

在当护士时，我经常使用的错因分析工具叫作鱼骨图。它本是用来查找错因的，通过对一根根“鱼骨”的分析，可以找到引发护理差错的原因。后来，我把这个鱼骨图工具用到了教孩子写作文上，感觉也特别好。

每次教孩子写作文，我就画一个鱼骨图，鱼头和鱼尾是作文的开头和结尾，中间是分段。对小孩子来说，这个图可以建立起基础的结构化思维。

至于如何点题，我会再画一幅“鲤鱼跃龙门图”。鱼的尾巴要弯起来，而且尾巴上一定要有水，这个水刚好溅到鱼头上，我用这种方式告诉孩子结尾要点题。

有了这两张图，孩子写作文就知道怎样搭建结构了。

后来我又用同样的方法教成年人学习公众表达，也让他们在写自己的演讲稿时运用鱼骨图的思路，同样收到了很好的效果。这就是向万物学习的方法，把知识迁移到不同的场景中使用。

不仅如此，我还要特别感谢自己的学医经历，我发现这对我建立系统性思维很有帮助，使我能通过人体的九大系统更好地理解社会系统。

接着，我又惊奇地发现，一些人生问题也与人体一样，有着各种各样的系统。如学习系统、财富系统、自我管理系统等，它们也都是相互作用的。

领悟到这些之后，我整个人变得特别通透。一天，在翻看《道德经》时，我的目光锁定在原本读不懂的一句话上，就是第一章的"玄之又玄，众妙之门"。我曾经还特意查了"玄"字的甲骨文写法，它就像辫子树的树干一样扭在一起，跟麻花辫似的。我忽然反应过来，这种交织、交错、相互作用的关系，就像各系统间相互作用的关系一样。"玄"既是各种系统的交织，又是有形与无形的交织。当初，一个"玄"字困住了我对《道德经》的理解，如今也同样是这个"玄"字让我打开了新世界的大门。玄而又玄，指各个系统之间的要素相互交织、相互协作。众妙之门，指这些系统会有无数种排列组合的可能性。也就是说，很多东西、很多事情都是相互影响的，系统与系统之间也是相互影响的。找到了这个规律，我们就更容易找到万事万物相通的一些底层逻辑。

## 从总量入手，建立知识宫殿

我最早使用的学习方式是拼图式学习，遇到一套课程就学一套课程，但仅在有限的范围中学，学完之后才发现它并不能解决更多的问题。我也不能把这些知识放在合理的位置，仅解决某个单点问题并不能帮助我打开解决更多问题的思路。

我意识到这种学习方法效能不高，开始探寻系统性学习的方法。一提到"系统性"这几个字，很多人会以为这是理性思考之后的结果。对大多数人来说，系统架构确实像人生蓝图一样，是总结、归纳之后得到的东西。但我不一样，我没有经过严谨的逻辑思考，凭着对人体结构、国家各个系统、宇宙的感觉，也搭建了一套自己的知识系统。

随着学习的深入，我给自己搭建了知识宫殿，先从可能遇到的问题总量来判断自己需要学习的知识总量，再基于这个知识总量做系统性学习。

我曾经给十分关注孩子学习的家长学员讲，想要培养好学生，他会做多少道题并不是很重要。家长要从学生的分数、意志、天赋、态度等方面做全盘的考量，要有系统性的思考。他听完之后，恍然大悟，明白了还要考虑孩子的学习总量。当然，每个人对学习总量的认知不一样，对要素的要求也不一样，它依然是一个从个人感性衍生出来的系统。

每个孩子都有自己的学习总量，我们的学习也要有总量的意识。职场规划、情商、向上管理、目标管理等，都是我们需要考虑的因素。有了这样系统的认知，我们就更容易坚持终身学习。即便在不同的阶段遇到不同的问题，也可以顺利地渡过难关。

可以说，人生本来就在系统性学习的循环中。一个没有系统性思维的人，是很难在人生系统中长期存活的。

人就像在玩走迷宫游戏，需要不停地解题，也在解题的过程中打开一个又一个的礼盒。一项任务结束后，就会有一项新的任务。在礼物奖励和探索任务的双重感性影响下，人自然而然地就跟着感觉走下去。

就像去大型游乐园玩一样，那里门票价格高、人多、项目排队时间长，大部分人都会提前做好功课，考虑先去哪里后去哪里，安排好游玩的先后顺序，做好详尽的计划。通过这样的理性思考，确实有可能玩更多的游戏。可是，排队会消磨掉良好的体验感。我不想牺牲自己的体验感，所以去大型游乐园时，我总是走到哪儿算哪儿，哪个项目人少就玩哪个项目。跟随感性自由地游走，也会得到美好的体验。游乐园中有一个名不见经传的项目，没有人在攻略中提到它，它却给我带来了巅峰体验。直到如今，玩了什么其他项目我早就想不起来了，唯有这个项目给我带来的快乐依然留存在我身体的每一个细胞中。

所以你可以这样理解：游乐园的项目一共就那么多，“知识总量”是固定的，一个“知识”学不到，你可以去学另一个“知识”。我关注的并不是单个的点，而是整体的体验。当我看到了游乐园地图的全貌，便发现它每一个角落都是美丽的，都是值得被探索的，我们可以在最合适的时间去最合适的地方，拥有最舒适的心情。不关注总量的人，反而不易有这样的体会。

所以，系统性学习并不一定要经过理性思考。看到全貌，理解全貌，发现全貌背后的东西其实更能为人带来感性方面的刺激，更能激发人探索的欲望，使人充满热情地学习。

一旦有了感性的激发，即便在阅读中遇到一点困难，人们也更愿意读；即便在学习中遇到了一点小挑战，人们也会满怀激情地迎接挑战。

反过来说，如果你关注的只是某个知识点很枯燥、很难学，你是无法享受学习的乐趣的。就像你只关注要排两小时长队的项目，终于等到自己玩的时候却无法尽兴。所以说，学习是需要感性的，是要遵从内心想法的。这样你才能走出人生的迷宫。

那么，在走出迷宫的过程中，应该如何梳理遇到的问题呢？简单说来，有以下两种方法。

## 把复杂的问题简单化，将其和自己擅长的领域结合

把复杂的问题简单化，指让问题更加贴合自己熟悉的场景、知识，将其和自己擅长的领域结合，从而最大化地发挥自己的优势，轻松解决问题。

拿我来说，我经常会在讲课时，结合自己的医学知识为学员做讲解，将看不见、摸不着的理论知识转化成具象的东西。首先这些医学知识我很熟悉，它们在我的知识宫殿里，我随时都能取用。其次，每个人都拥有身体，帮助学员用自己熟悉的身体来理解知识，他们会既欣喜又好奇，所以大家都很喜欢听我讲课。

每个人都会在自己的行业中有一定的积累。程序员有程序员的思维模式，会计有会计的思维模式，老师有老师的思维模式，用自己熟悉的思维模式完成学习是最便捷的路径之一。

如果你想做知识分享，也可以将其与自己擅长的领域结合，让大家对你产生信赖感，这样同时还可以彰显你的权威性和个人特质。

我们可以借助感性的力量，真实地向别人展示自己。

## 把简单的问题复杂化，在更大范围中学习

这点很多人也许理解不了，但我确实是一个很喜欢把简单的问题复杂化的人。

学习中出现问题时，我想的往往不是怎样才能最快地解决它，而是把所有影响因素都考虑进去。为什么要这样做？因为简单会局限人的思路，如果将问题复杂化，会生出很多触角，然后，就可以发现它居然能更好地连接你原本已经知道的东西，居然能帮助你更好地理解和学习。

之前我讲过做社群的例子，其实就是把简单的问题复杂化，之所以能得到很好的结果，是因为我凭借感性站在不同的视角进行了思考，一个是用户视角，一个是运营人视角，还有一个是组织官方的宏观视角。

从不同的视角考虑应该怎么解决问题，就是把简单的问题复杂化，它能让人考虑得更加全面和完善。

还有一个自律营的案例。我们原本有一个早起营，对学员的要求是每天起床打卡。做了一年半之后，我觉得这个任务太简单了，我想为学员提供更全面的帮助，于是，把它升级成了自律营。

在这里，我们系统性地帮助学员解决一些人生问题。比如，要早起打卡，要学会自律，要养成好习惯，要让自己变得更专注等。通过这些课程，我们帮学员统筹规划人生。虽然一些问题变得更复杂了，但是明显也变得更高级了。

所以，系统性思考对人们未来的成长是极为重要的。它可以帮助我们更早看清真相，对未来有更完善的预判和准备。

我们在学习时，要了解自己所处的人生阶段，明确知道自己要扮演的角色，因为角色的要求是基于功能而产生的。比如，母亲有什么功能呢？妻子有什么功能呢？老师有什么功能呢？我们要基于角色相对应的功能进行相应的学习。

人生是一场没有止境的探索，我们要从人的生命周期角度，系统地看待自己的学习，将学习前置，不要等到无法应对自己所扮演的角色时再去学习。当你站在更高的维度看待自己的生命，就会知道系统对你的学习有多重要。当然，我并不希望你刻板地看待它，应该很感性地感知它。既然人生是一场无尽之旅，那就好好地体验这场旅行。

最后想送给大家一句话，人的生命是有限的，人的价值是无限的，你的价值可以在你的生命时间线中被无限放大，你越是尽毕生所能放大你的价值，你的生命价值就越大。学习应该是一件快乐的事情，保持系统学习，将有限的生命投入无限的人生中吧。

## 进行实景应用式学习

我们小时候学到的知识主要来自书本，提取记忆则主要通过考试来实现。在学生阶段，学习对取得高分有用。可是对已经进入社会的成年人来说，大部分学习的目的是解决问题。作为成年人，我们应该有一个清晰的目标，那就是尽量不要把学习本身当作目的。

很多人常常陷入学习的误区，给自己定下一年看 150 本书、学 10 套课的目标。这些目标看起来很理性，却很少从根本上解决实际问题。我们最需要了解的是，看书、听课究竟对我们的成长和生活有没有实际帮助，我们解决问题的能力有没有得到提升。

我提倡的是实景应用式学习，解决实际问题，对我们的帮助会更大。

怎么理解实景应用式学习呢？ 就是先要有场景和生活的需求，再基于这些需求去反推要学些什么？ 并且将每次的学习与实际的场景相结合。这种学习方式的优势在于节约时间，不浪费生命，学习会很有针对性，学习的内驱力也会比较强。

拿我教孩子学数学举例：小学数学课，孩子要学质量、重量、体积等，单纯听课和做题，孩子不太容易理解和掌握知识。这时候，家长与其把孩子按在书桌旁使其再学一遍知识，倒不如陪孩子做一次烘焙。让孩子亲自称一下面粉放多少克，糖放多少克，酵母放多少克，牛奶放多少毫升……孩子在做的过程中，既能很快掌握数学的计量方法和单位，又提高了动手能力和观察能力，同时也激发了对课本知识的学习兴趣，这种实景应用式学习可谓一举多得。

很多时候，一次实景应用式学习可以融合多个学科的知识。而且，由于这种学习多是用来解决人们在实操中遇到的问题的，所以很容易使人进入自主成长的状态。

我在带团队时，每天都会关注工作中出现了哪些实际问题。如果存在无人可以解决的问题，那作为团队的带头人，我就要自己学习解决，在学习之后，再跟大家分享学习成果和具体的做法。比如，怎么去打造个人品牌，怎么经营微信账号，怎么为用户做流量扩充，等等。

此外，我会把学到的理论知识结合到团队发展的使用场景中，带着大家一起实践。比如给大家讲目标拆解，要用到

SMART原则[1]。我不会只给团队讲这五个英文字母分别代表什么，而会直接用场景来做拆解示范。

在做线上学习训练营时，我们需要从活动的前、中、后阶段入手，定下具体的目标和行动策略。需要注意的是：在每个阶段，我们都有不同的拉新、留存、转化需求，用到的方式也不尽相同；每个阶段的具体工作，如内容、运营、宣传、营销、销售转化等，重点也有所不同。之后，我们再把每个板块的负责人及其动作细化出来，列出目标清单，并通过 SMART 原则达成目标。整个流程下来，团队中的成员就对 SMART 原则有了切身感受，以后做事，就会照着这个思路去做。进行实景体验式学习，有助于更好地发挥感性的力量。

当然，关于拆解目标，也有一些好方法可供参考。

## 以解决现实问题为目标

在任何一个场景中，我们都应以解决现实问题为目标。目标确定了，我们学习起来才有方向，做起事来才会更有干

---

① SMART 原则：SMART 原则是一种目标管理模型。SMART 分别代表了五个单词的首字母，它们也是目标管理的五大原则，具体为，绩效指标必须是具体的（Specific），可以衡量的（Measurable），可以达到的（Attainable），要与其他目标具有一定的相关性（Relevant），必须具有明确的截止期限（Time-bound）。

劲，避免越学越迷失自己或走入学习的误区。

## 关键流程的拆解

拆解目标中的关键的流程影响着具体的实操能否精准落地，没有这种步骤的落地，我们的学习就算不上实景应用式学习。每次在为团队开项目落地会议，我都会带着团队拆解关键流程，找到与之对应的负责人，安排他们应于何时、何地，以具体什么方式完成何种工作等。最后用甘特图[①]使工作内容、项目负责人的任务起止时间可视化。

## 关键节点的落地

拆解完关键流程之后，关键节点的落地变为重中之重。当每一个关键节点顺利落地，整个拆解过程便算完成了，整件事将更有价值和意义。

一次我们做线上英语学习社群，安排了老师全程纠音的

---

① 甘特图：又称横道图、条状图。一般的甘特图使用横轴表示时间，用纵轴表示活动或项目，图中的线条用来表示计划期间活动的安排以及完成情况。甘特图使得活动的计划、进展情况等一目了然。通过甘特图，管理者可以更清楚该任务目前已经进行到什么阶段，还剩下什么工作以及哪个部分的质量怎么样等问题。

环节。我们讨论了纠音课一周应有几节、具体在哪天上、一节课多长、由谁来教、如何教等问题，同时设计了数据统计方式和反馈机制，保证了项目的顺利进行。

通过实景应用式学习和实践，我们可以让学到的内容发挥作用，让学习变得更加高效。

### 与他人合作

一个人不可能什么都懂，如果你想学会所有事项，就会陷入永远都学不完的陷阱。进行实景应用式学习，你会对自己有更深刻的认知，还会发现有些内容根本不需要去学，只需要与人合作完成就好。你会清楚地知道应该与什么人合作，如何与他人更好地合作，筛选出合适的合作伙伴。

### 看到自己的能力边界

在实景应用式学习中，你能看到自己的能力边界。你可以更好地了解自己的核心能力，充分整合资源，发挥合作的优势，同时还能探索到新的机会，拓展出另外一片天空。

## 正向反馈刺激高效学习

这个世界上，每个人都在扮演不同的角色。在实景应用式学习中，你与别人的每一次合作都会得到反馈，这种反馈越多，你的学习效率就越高，你就越能承担人生中的不同角色。

常常听到这样一句话，明明知道很多道理，却依然过不好这一生，为什么？因为很多人在纸上谈兵，好像什么都知道，但在遇到实际问题时仍然束手无策。人们只有认真学习，在实践中检验自己，才能意识到问题所在，才能理解“知道”和“应用”的区别。人生如书，生活中人时刻需要学习，这就是实践和应用对学习的意义。

体验本身便是最好的学习，实景应用式的学习恰恰体现了这一点。用实景应用式学习掌握理性的知识，在解决问题的过程中以自己的感受激励自己，将更有助于学习。

## 用初心设计成长学习方案

为什么说，要先用心学，再用脑学？ 这是一个核心问题。很多人一看到“心”字，就直觉认为它指的是“心脏”；对我这个曾从事医护工作的人而言，心与心脏在人体中的地位是不同的，“心脏”是一个泵血的脏器，本节所指的“心”则代表人的内核、人的初心，即人的内在动力、学习动机。我经常在直播间和课堂上问我的粉丝和学员，到底什么是心？ 心究竟在哪里？ 没有答案。其实我很想说，心在组成人体的每一个细胞里。你应该先看清自己的内在动力，找到自己的学习动机，再用大脑去完成学习的过程。

比如，你希望获得某种知识或解决某个问题，这就是你的学习动机，你也因此有了内在动力。

接着，你的大脑会开始检索：为了完成目标，应该参加哪些课程，阅读哪些书籍，接受哪些培训……由此，你会逐渐推导出适合自己的学习方式、学习路径和学习时长等。这就是一个感性带动理性的过程，也就是我说的“先用心学，再用脑学”。

那么，怎样才能更好地激发自己的内在动力呢？

## 兴趣是最好的老师

人们常说兴趣是最好的老师，我深以为然。有了兴趣，人自然就有了内在动力和热情。稻盛和夫有一个成功方程式：工作的结果 = 思维方式 × 热情 × 能力，非常值得借鉴。

在“学习”这件事上，我认为不必纠结于“怎么学”或“何时会”，否则，学习的过程会变得漫长而艰辛。你首先应该考虑的是，如何使学习“取悦”自己。

如果你的内心是愉悦的，那么你自然会主动学习，规避干扰因素，以惊人的热忱汲取知识。此时，你也不会再纠结“怎么学”。阅读书籍、请教师长、查找资料，种种方式都会丰富你的知识宝库，让你自然而然地学会。或者说，当你偶然想起“何时会”时，你所疑惑的已经是“是何时会的”，而不是“何时才能会”。

同时，习得之后的自我肯定又将使你的喜悦感增强，不断强化你的内在动力，激发更强烈的学习动机。兴趣是最好的老师，诚不欺也。

## 做好自己感兴趣的事

激发内在动力，需要你将学习与自身的具体情况关联起来，找到能够令自己兴奋的点，并不断放大、刺激它，力争将事情做好。

关于如何在学习中找到令自己兴奋的点，每个人都有自己的方式，于我而言，是从现实考虑，思考学习能让我获得哪些好处，并将这些好处分为短期利益和长期利益。

很久以前的我并不善于发掘学习的益处，学习的效果往往也不好。当我逐渐发掘出学习的益处，学习也变得简单起来。若我在学习某样知识、某种技能时，看到了其中的短期利益和长期利益，便能将“学习”持续地进行下去。短期利益，刺激我当下主动去学；而长期利益则推动着我长久、持续地学。这一持续的过程，也帮助我成长为长期主义者。

关于如何找出利益点，我的方法是想象，并采用这类句式暗示自己。

如果我学会了 ××，我就能 ××，还能 ××，并且可以 ××……

比如，如果我学会了表达，有了好口才，我就能成为一个健谈的人，接着，我也许能做一场很棒的直播，或是成为一个优秀的商务谈判人员，甚至成为一个演讲大师……

我曾经克服疫情带来的不便，辗转去学习招商，这个动力是哪里来的？ 我会想象，如果我学会了线上招商，我就能为团队伙伴举办线上招商会，能让更多人加入我们，跟我们一起做助力青年成长成功的事业，还可以帮助团队在线上批发式地拓展更多的业务渠道，让跟我一起创业的伙伴有更高的收入……”

张萌老师的《让你的时间更有价值》一书中有这样一句话：“当你学会了 ××，你就会具备远超常人的 ×× 能力”使我如醍醐灌顶，自己居然可以通过学习变成超人。

这些关于短期或长期利益的想象不断地推动着我、鼓励着我学习。

还有一个特别好的句式，灵感来自张萌老师《从受欢迎到被需要：高情商决定你的社交价值》的书名。

从 ×× 到 ××。

我曾经为参加我们好书共读营的朋友出了一道题：“请你将读书给自己带来的益处，从一到十罗列出来，让大家一起感受它们。”

大家写道：

1. 我从不能读长篇到可以读长篇；

2. 我从不理解文章深意到可以理解；

3. 我从不懂某件事到理解了某件事；

4. 我从眼界小到眼界开阔……

所有的答案加起来一共有几百条，每一条答案都是读书带来的真实益处。

这种复盘放大了学习的价值，学员的内在动力自然会不断增强。

这依旧是前文所说的，用感性带动理性的实践运用。

## 成功在于不懈坚持

有次我读书读到凌晨 3 点多，门缝漏出的灯光引发了母亲的好奇，她轻轻地推开我的房门，看到我满脸兴奋，两眼放光。母亲不理解我为什么大半夜还这么兴奋。我告诉她，因为我在书中发现了一个成功人士的秘密——坚持。

其实，不仅是我的母亲，恐怕大多数人都难以理解这一状态。人在学习中有了领悟，产生醍醐灌顶的感觉时，能体会到难以名状的喜悦。那时的我，在凌晨的灯光中甚至有了一丝“众人皆醉我独醒”的优越感，就像在小时候的课堂上，以最快的速度掌握了知识点。而那个凌晨 3 点领悟到的成功秘密，也让我至今相信并奉行——成功的真谛，在于坚持。

至于具体的坚持方法，就是我一直强调的，要让感性力量发挥作用，战胜自己的松懈或者畏难情绪。

## 立刻投入学习

我很少做学习计划或学习方案。通常，对某个话题产生兴趣后，我会立刻投入学习。最近，我对《道德经》有了浓厚的兴趣，于是买了各种和《道德经》相关的书籍和课程。

在学习《道德经》的过程中，我又发现自己需要学一学《资治通鉴》，就将这个目标记下，待学完《道德经》，便将它提上学习日程。

那段时间我的团队人数增长迅速，为了掌握组织架构、组织关系等知识，我购入许多有关组织关系设计的书籍，阅读学习。具备一定基础后，接着继续学习关于提升团队流量方面的方法，并在晨会时和大家分享学习心得。

没错，我经常想要学什么，就立刻去学，虽然没有计划，但带着解决问题的目的，往往学起来特别快。

## 边拆解课程边学习

我的另一个学习方法是为和我一起学习的人拆解课程，当大家的学伴。老师讲课是从老师的角度出发，我拆解课程是从学习者的角度出发，自己先做到，再把老师的内容结合学习者如何实践分享给大家。我前一天学，第二天就可以马上讲出来，以“教会他人”的标准分享所得。这样我的学习速度越来越快，践行得也越来越好，讲的课程大家越来越爱听。后来，我拆解的内容成了学员心中不可缺少的精华。以教会他人更好地学习为自己的学习目标，用帮人拆课的方式倒逼自己学得又快又好，这种方式的学习让我受益匪浅。

## 用表格统筹学习

有人问我，每天这么忙，怎么还有时间学习。我的回答是，虽然学习没有计划，但生活需要有规律，时间要有安排。我每天凌晨 5 点起床，然后完成一天的工作。为了更合理地安排时间，我用一张表格规划自己和女儿的时间，把我的工作、学习、家务以及女儿的学习事项都统筹到了一张表格上。在设计表格时，我考虑了我俩的交集与各自的事项，最大限度地提升了效能。感性不是拖沓、散漫，只有做好时间统筹，我们才能拥有“感性自由”。

有人说，生活中不只有学习，而在我看来，生活中处处是学习，学习总能给我带来利益与喜悦。前些日子，我想买运动服，于是去了一家运动服饰专卖店。女儿看中了店里一个紫色的篮球，我买下了它，并与她约好每天一起打篮球。从那天起，我们真的每天一起打篮球。打篮球这件事既让我们锻炼了身体，还让我们开心地在一起互动，增进了亲子关系。此外，我还向女儿学习了一些老师教她的篮球知识和基本技巧。而这些并不是计划内的事，只是源自我们的一时兴起。

可见，生活中随处都有感性的力量。

## 靠思考找到最优化的学习路径

很多人不习惯思考。毫不夸张地说，这些年，我见过不少“没有问号的大脑”。这些人的思维中没有“为什么”“怎么做”，或许，他们并没有停止学习——别人教什么，他们就学什么；但遇到问题，他们不是视而不见就是抛给他人，有的甚至直接把身边的人当成百度，完全放弃自己的思考。这种“等靠要”的学习方式是低效的，因为等来的、靠着的、要到的，终归是迟到的、浅显的一些碎片知识。而这种被动的方式，也将弱化你对知识的记忆与认知。

今天，只要你想学，全世界都能为你提供资源。互联网的发展极大地降低了学习成本，优质的课程和资源比比皆是。只有主动思考，你才能主动探索、发现、领略更多的知识。有的问题，原本你认为只有 A 方案可以解决，当你思考和学习后，你会发现还有 B、C、D，乃至更多更优化的方案，甚至，它也许根本不是问题，而只是我们没有想到、看到更多可能。

主动思考帮助我们发现问题的本质；而只有发现问题的

本质，我们才能解决问题本身。否则，我们解决的只是现象，问题依旧反复出现。

例如，面对失眠患者，如果医生只是开安眠药，那只是在解决现象——患者服药后确实可以入眠，但失眠本身没有得到解决，一旦停药，失眠会再次出现。若从解决问题本质的角度出发，则医生需要了解患者失眠的原因，是睡眠环境问题、精神压力问题，还是患者本身缺乏褪黑素等。只有找到问题的本质，才能更好地解决问题。

至于学习中的思考途径，我想强调的是，依旧要以感性为先。我平时的做法如下，给大家参考。

## 把大脑延伸出来

我比较感性，很多灵感会随时涌现，所以需要随身带笔和记录本。每当有念头冒出来，我便立刻将其记下来。慢慢地，我的本子上画满了各种想法，“乱七八糟”，记满了思考的过程。

我的习惯是把这些灵感、想法简化为关键词。然后，根据这些关键词，将思维发散出去，渐渐推演出明确的、完善的思路。我给学员们上课也是用这样的方式。不用 PPT，而是手写板书，且板书往往是图形。我让整个思维的过程通过笔尖流淌出来。通过板书，知识直接流入学生们的大脑，和他们的思维接轨。所有听课的人都感到:知识不是我讲出来的,是从他们自己的大脑中“长”出来的。学员们很喜欢上我的课,他们反馈说:特别有趣、易学易懂、印象深刻。我用感性的方式讲课,同时用语言和板书调动大家的感性脑来接收内容,这比单纯用理性的方式讲解效果更好。

所以我建议,你首先要“将大脑延伸出来”,随时记下你的想法或灵感。大脑无法储存太多零碎的、偶然的念头,如果你不及时记录,没有整理和延伸,那么这个大脑活动的过程只能被称为思绪,而不能被称为思考,也很难形成链路。

## 把简单的问题复杂化

经常听到有人说“要把复杂的问题简单化”,而我的学习方法则是“把简单的问题复杂化”。有了想法,要立即提取关键词并记录下它们,然后延伸、推演、串联,这就是“把简单的东西复杂化”。这是一种特别好的学习方式,能训练我们的思考力,把与之相关的问题也牵涉进来,有点牵一发而动全身的意思;再将思维延展开来,使被牵涉进的问题和原有问题联动。所以,虽然我们没有花时间输入很多内容,但依旧可以掌握事物的来龙去脉。也许开始我们只能使用一两个关键词来思考,但只要多用多练,慢慢地,我们就能系统地掌握关键词的应用方法。

## 用图形符号串联关系

对关键词，我们也可以用画画的方式将其罗列出来，这不仅能让它们在我们心中形成更生动、具体的印象，帮助我们更好地串联它们的关系，也有益于锻炼我们的发散性思维。

在“自信表达好口才”的课堂上，我给大家画了几个“关键词”，第一个是秤钩，第二个是钱袋子，第三个是一碗料足味美的米线，最后一个是一杆旗帜。我告诉大家，这四个“关键词”，代表了练就好口才的秘诀。秤钩的意思是，你一开口就要把人“勾住”，引起对方的好奇心；钱袋子是指你的话只有让听众觉得有价值、有利益，别人才愿意听你说话；米线是指你的话需要足够有料，内容丰富；而旗帜则代表你的观点应当像旗帜一样鲜明。

有了这四个“关键词”，我无须反复背诵教案，只要看到它们，便能想起具体的内容，而大家也普遍反映，用这种类比思维，他们可以更好地理解、掌握四条口才的秘诀，日后记忆的调取也变得更方便了。

经常用图形图像关联的方式做系统性的练习，也能够让我们更好、更快地探索事物的核心、问题的本质。在日复一日的主动训练中，我感觉自己开启了学习的大门。对新的课程、新的书籍，只要掌握了关键词，学习部分内容或章节，我便能够大致掌握它们的主体架构与主题内容。这使我在汲取新知识时，不必花费太多的精力与时间，也有了更加从容、愉悦的体验。我从一个上学时资质普通的人，变成了大家口中的“学霸”。

这，就是思考的力量。

# 复盘学习内容，有效加深记忆

关于记忆，我想告诉大家的是，其实很多东西并不需要我们耗费大量精力去记。我不提倡大家像记忆大师那样使用各种记忆方法记忆，比如先把一个东西转换成图像，翻译成某个场景，然后再给它几点定位法等，这样太复杂了，很费脑细胞。我尝试着了解这些方法，最后都放弃了。

学《道德经》《易经》时，老师要求把原文背下来，我背不会，也不爱背。如果学习方法不对，要求自己死记硬背，无疑在浪费时间。因此，我觉得最好的记忆方法就是先理解，再记忆，只有真的懂了，才能真正记住，日后也能够更好地运用知识。

## 先走心再走脑，更容易记住知识

我是如何做到不背诵便能学习的呢？ 我买了五六本不同版本的《道德经》，都包含相关图解，学《易经》用的也是同样的方法。我把经文中同一个部分不同的讲解全部打开，看它们都是怎么解释的，也就是说我会将五六本书同时打开放在书桌上一起看。看完这些，我便理解并记住内容了。如果让我背，我无法精准地逐字背出，但我能运用经文中的内容指导我的思考和行为，有时讲课还能引用一句经典原文，并运用得恰到好处。很多时候，理解比记忆更重要，一定不要为了记而记。

我往往是走心了以后再动脑，而很多人是先动脑去记，反倒记不住。有人问我，你怎么可以记住那么多书上的东西啊？我就会告诉他们先走心再走脑这个技巧。

走心时，你更多的是自己要理解，等理解了，自然就记住了，而且很容易记住。并且你会发现先走心再走脑特别有用。

一般情况下，1 小时的课程会有 3 万字左右的内容，这么多，如何才能记住呢？我在听课时，会把关键词记录在笔记本或者手机上，基本上老师刚讲完，我就能看着核心关键词将课程内容复述一遍。遇到比较经典的句子，我还会想这句话太经典了，下次一定要分享给某某，自然而然就记住了，因为我有一种强烈的内在动力。

## 无意识记忆和有意识记忆的区别

在说这两种记忆的区别之前，我先举个例子。以前学数学时，老师让我背那种简单的公式，我是背不下来的，但是特别复杂的，反而记得住，因为我记住了公式的推导过程，而不是单纯地将公式背下来。如果实在记不住，我就在考试时再推导一遍，然后用它解题。用推导的方式记忆，推导的过程就是帮助我理解的过程，在推导时我用的是一种感性的记忆思维。将公式推导出来后，解题时就能运用得更好了。在理解的基础上记忆，以理解为前提，然后考虑怎么更好地理解、推导并关注推导的过程，你便一定能记住自己推导出来的东西。这种理解之后的推导，比死记硬背更容易。

我在记公式时，会在前两点的基础上再记一些关键词、关键句。这是一个内化的过程，在记关键词、关键句时，我会刻意运用它们，时刻提醒自己，我记的东西是我想用或者是要教给别人的。这样，我就可以自然调动自己的感性，有意识地记忆一些东西，了解知识背后的底层逻辑。

## 记忆的几种法则

以下几个记忆法则也十分实用。

第一个法则：完全穷尽法则，也叫二分法、两极法。它的基本思路是：一个事物只有两面，如要么是黑，要么是白；要么是喜欢的，要么是不喜欢的。

第二个法则：过程推导法，将推导分为第一步、第二步、第三步、第四步……

第三个法则：分模块法则。通常我们在表达时会用这种法则。如六大板块，两个小目标等。

第四个法则：公式法。如稻盛和夫的“工作的结果 = 能力 × 热情 × 思维方式。”

第五个法则：矩阵法。四象限法就是我们最常用的分类方式，此外还有九宫格法。

我在学习时，会用以上方法理解和消化内容，其实这也是一个深度思考的过程。

需要记忆知识时，我先看看用以上哪种法则能更好地帮助我理解，再将知识按照法则拆解梳理一遍，之后再按照这个梳理好的方式自己讲一遍，如果自己能够给自己讲通，那基本上就记住了。把自己讲会了，就能讲给他人，这就是“费曼学习法”。

以上过程讲的是无意识记忆，也是记忆的几个维度。

还有，如果你在学习过程中，懂得运用思辨性思维思考，你将记得更快。遇到自己从来不知道的全新知识，你要去思考，这件事一定像他讲的那样吗？能不能有其他的理解？是不是符合你自己的使用场景？

在采用思辨的方式推演记忆时，你通常不必拘泥于知识内容本身，这样就能够激发更多的智慧。一个基础推演的过程还包含识别和质疑，最重要的是要看其适不适合自己的使用场景。想象实施知识或者方法论的过程和结果，同时做论证和优化，这样就会拥有自己的做事经验。

至于学习复盘，其实并不需要花很多时间。因为讲记忆的部分已经涵盖了这方面的内容，前面说到我的记忆过程包含推导过程，而推导过程就包含了复盘的逻辑。

# 在头脑中画一幅学习图

通常，我们输入的知识都是流线式的，因为小时候的学习无非有两种：老师讲课的声音和课本上看到的文字。所谓的流线式就是声音是被我们一个字一个字听进耳朵里的，文字是被一个字一个字看到眼睛里的。老师画图，是为了让我们将知识和场景结合起来，但这样很难使知识立体化。所以我们要学会给知识画立体图，让我们对知识体系的掌握变得更加立体，使我们了解知识之间的相关性以及知识体系中流动、交错的关系。

## 将新问题融入原有知识体系

我学习时，喜欢把流线式输入进来的知识用图“翻译”出来，如先画一个三角形，再画一个圆形，再画一些线段表示二者之间的关系。这是一个动态的过程，你知道第一步画什么，第二步画什么，第三步画什么……符合人们对知识记忆的认知规律，即先了解知识来源的原点是怎样产生的，然后了解知识是怎么流动到你的大脑中的。画图的过程，其实就是知识在你的大脑里逐渐且递进地建立投影的过程，它就像树苗往上长一样，有一个一点一点长粗、长高的过程。

与画图相比，PPT 通常很难展示一张图由来的过程，只能展示这个图形的结果。所以这种学习方式是不能被 PPT 所替代的，你要画出知识在大脑生长的整个过程，让知识用图形的方式流进大脑。这样更容易理解知识，这就是图解的威力。

我讲课时，也是给学员边讲边画图。一方面方便学员用自己的思维连接我的思维，使他们在上课时更加专注；另一方面有利于学员学会，我讲完，他们便已理解了所有的内容。

用图解的方式学习，能够体现思绪流淌的顺序，也更符合人们的认知规律。

## 关联旧知识，留存新知识

在学习新知识时，你一定不要把新知识生硬地“塞”进大脑，而要尽量使其和自己大脑中原有的知识结合起来。

首先，作为学习者，我会将老师讲的内容和案例像放电影一样在脑海中“演”出来，再发挥自己的想象力，想想它和什么情况类似。我有时会把看似风马牛不相及的事情连接在一起。和别人分享这一方法，很多人觉得不可思议，他们好奇地问:“婷姐，你的大脑是怎么长的？”其实我只是发挥了想象力。

接下来，我以老师的身份给同学们讲课，经常会用生活中常见的场景讲解。比如讲“目标分解”，会讲我们是如何切西瓜的，同学们一下子就明白了。我讲 OKR（Objectives and Key Results，目标与关键成果法）时，用了一个“女儿做蛋糕的案例”，讲明白了原本很高级的“人、机、料、法、环”工作法和 OKR 的所有实操步骤。课程结束后，同学们反馈，我讲的 OKR 是最清晰的，听完他们就知道如何执行。我有时候还会讲神话故事、寓言故事，结合的全部都是日常生活中大家熟悉的场景，或者是小时候在大家脑海中留存下来的画面。有时我会讲到微观的细胞，有时我会讲到宏观的宇宙，大家听我讲课就像在看电影，都特别喜欢，有的同学直呼“很爽”，有的同学会非常兴奋地在社群里说，“原来学习这么好玩儿”。

## 层次渐深，利于输出

知识是有层次和深度的，当我学习时，我在知识的下游。而当我在教学生时，我在知识的上游。向上学，向下教，这个层次感很符合个人认知的逻辑。人的认知应该是有层次的，是逐渐有深度的。学习就是这一过程的呈现。你学时永远都是让别人的知识与你的大脑关联，教别人时则是让你的知识与他人的大脑相关联。

此外我想说，知识的联结比知识本身更重要。最重要的其实不是知识，是你的大脑如何联结了这些知识。

所以我在学习没有图像的课程和书时，会自己画图。我在讲课时，尽量给听众画图，被我教出来的学生也都越来越喜欢利用画图来学习。

那么，图解的常用方法有哪些呢？

## 基础三角形结构，稳定性强

在学习知识的过程中，经常遇到三要素相互作用的结构。这个结构本质上是一个三角形。学习时，用三角形来思考三角形三个顶点要素之间的相互关系，我们便可以很快地理解我们所学的知识，三角形是一个非常经典的模型。

## 金字塔结构，层次越来越高

我们可以把一个三角形看成金字塔结构，金字塔结构呈现的是递进的关系。最下面的底盘最大、最基础，是结构的基石。大多数就是基础，也是底层的支撑。

比如，在马斯洛需求理论中，最下面是生理需求，如人类对于衣食住行等的基础需求，上面是对爱与归属感的需求……再上面是对自我价值实现的需求。这就是说，越往上，人的需求层次就越高。

## 使用漏斗模型，层层筛选，择优输出

我们继续看三角形，这次倒过来看，它变成了一个漏斗，成了商业中的"拉新、留存、转化"模型。商家在做市场营销时，首先是大范围地发布营销广告，也就是拉新。起初，大量客户可以关注到商家的营销方式、方案，有意向的客户可以留下来了解这样的营销方案和产品，最后销售人员跟进，完成转化，这就是倒三角漏斗模型的使用方案。

在做销售时，漏斗模型也是特别重要的模型之一。我曾在世界 500 强外企做了 8 年的销售，学到 SPIN[①] 销售法的核心就是向客户进行漏斗式提问，一开始提出大范围的问题，

---

① SPIN 是顾问式销售技巧，SPIN 的四个字母分别指代情况问题、状况询问 ( Situation Question)，难点问题、问题询问 ( Problem Question)，内含问题、暗示询问 (Implication Question)，需要回报的问题、需求确认询问 (Need-pay off Question)。

然后逐渐提出核心问题，最终达成销售目标。

## 圆形模型，动态的闭环思维

圆形有两个基本特点：它不但是一个闭环，而且可以表示一个动态循环的过程。比如，我们做事情要有一个闭环性的思考。同时，要考虑事情的动态发展，圆形是一种非常经典的思考模型，我们还可以用增强和逆向增强两种方式理解它，还可以画出同心圆，以及像奥运会五环标志那样的有交集的圆。

## 箭头关系图

箭头关系图是指用箭头推演出一些关联关系。无论使用哪种学习图模型，我们都可以利用箭头把不同图形串联起来，这样在思考问题时就会更加系统化。此外，箭头画起来十分简单、便捷。

生活中的很多情况都可以通过以上五类图形表达。图形可以让我们的学习效率更高，也可以让感性的力量在学习上价值最大化。

很多时候，大家对图形图标有个误解，认为它是一个理性的工具，实际上它是感性的工具。建议喜欢感性思考的人，多画一画图形，相信这样会让你的学习轻松很多。要想充分发挥感性的力量，你可以用最简单、有趣的画图法学习，以让你学习和成长的效率更高。

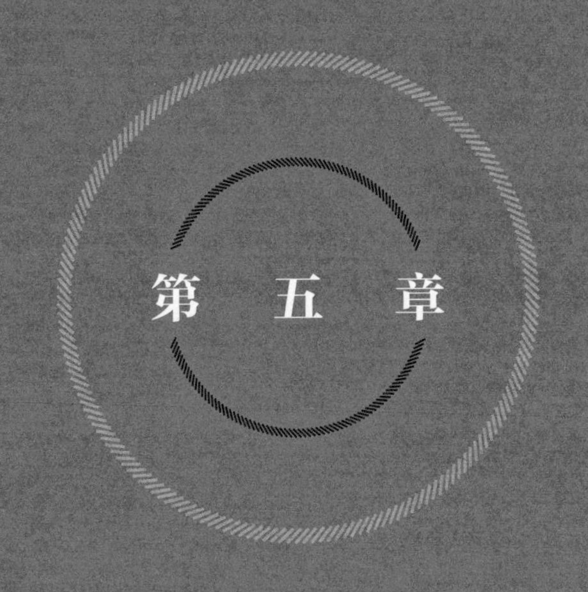

# 第 五 章

## 情感加语言，令表达更具感染力

## 感性表达中的性别优势

毫无疑问，在感性表达中，性别会对表达方式造成一定的影响。通常来说，男性的表达比较简单、直白，词汇不是很丰富，情感表达比较少。女性一开口，语言、话题就会丰富起来。女性的情感更为丰富，她们更愿意把自己的感受表达出来。

在人类的进化体系中，女性有生理周期的变化，每个月也会有激素水平的变化，而男性的激素水平通常保持一个平稳的状态，因此，女性在考虑问题时比较细，各种情绪变化也比较多。

那么，如何辩证地看待不同性别的表达方式呢？

### 女性在工作、生活中有很多优势

第一，女性喜欢分享，想象力丰富，善于沟通。因此，在需要表达的岗位中，她们有很大优势。

第二，女性更加感性。表达其实跟情绪感受或情商关联较为紧密。如果你更加感性，你就能更好地感知对方，进而以对方能够接受的方式表达。

而男性大多数感知力没那么强，他们通常习惯简单直接地表达。

## 女性更善于推动话题

简单来说，表达是为了传递信息，表达常见的目的有三个：合作、博弈或者谈判、闲聊。

开展有效、顺畅的表达的首要目标是使话题更好地进行下去。我们既要表达自己的观点，也要让对方能够接住我们的话。所以，无论出于哪个目的，两个人说话的过程其实都充斥着博弈。

相较于男性，女性天然更善于表达，她们往往是推动话题的一方。

## 女性是感性表达的代表

这是个体发声的时代，感性表达逐渐成为人们的一种必备能力。新媒体等各种注重表达的岗位对这类人才的需求量大幅增加。

相较于男性，女性本身较为感性。加上她们往往十分注重自己的形象，感性表达更是起到加持作用。

有人评价称，这是一个女性崛起的时代，我非常认同。女性身上的很多特质，在今天已经成为很重要的优势，因为善于感性表达，她们在做直播课或者短视频上也更得心应手。

当然，在感性表达中，女性也要做一些符合个人形象和定位的事。比如，身居领导岗的职场女性，在工作中需要一点强势、领导力，以及一些男性化的感觉和表达。可是回到家里，她的身份也许是妻子或妈妈，尽量不把工作中强势的表达习惯带回家，而应该柔和且智慧地表达自己。也就是说，扮演好自己的角色，就是最好的、最合适的表达。

同时，需要提醒的一点是，无论在生活中还是在工作中，我们都无须刻意模仿谁、变成谁。你就是你自己，把属于自己的角色扮演好，这样的表达就是最好的。

比如，我讲课时，会更加关注授课内容，保证课程时间，将知识点清晰地表达出来，和学员做简单的互动；而在直播间里，我的表达就比较倾向于调动大家的情绪，更多地进行互动感强的表达；在带领团队时，我需要给大家持续、坚定、沉稳的感觉，让他们觉得我是值得信任的，无论面对什么问题，我都一直在；在家里面对孩子时，我是一个普通的妈妈，一个懂孩子的、有趣的、亲切的、温柔的妈妈。

实际上，每个人都有好多面，你要判断自己在特定的角色下需要展现某几个面。如果用一句话来讲女性应该如何发挥自己的优势，我想送给女性们一句话：你当温柔，且有力量。

这是一个女性发声的时代，女性的自信美是一种吸引力。我觉得每个女性都应该自信地表达，不要错过这个发声者的时代。每个人都应该活出自己，自带光芒，用温柔的力量驾驭有趣的灵魂，活成自己想成为的样子。

## 性格各异，感性表达直入人心

笼统来说，人的性格可以被简单分为外向型和内向型。很多人觉得，外向型性格的人往往表达能力强；内向型性格的人表达能力比较弱。实际上，无论哪种性格的人都会遇到表达障碍，也会产生各种各样的疑问。

我是个内向的人，该怎么发挥自己的感性优势？

我在表达时很直接，应该怎么表达更好？

有些人比较含蓄，有话从不直说，我该怎么与他们相处？

明明彼此已经很熟悉了，我为什么还是摸不清对方的性格？

……

这些疑问，在不同性格的人身上都可能出现。我倒觉得，无论哪种性格的人，其实都能很好地沟通。

在与人交往时，我只是把性格作为考量的因素之一，但它并不是最重要的。本着以人为本的原则，我常从独立个体的角度看待一个人的性格。我更加关注的是这个人，无论他是什么性格都没有关系。而且无论他是什么类型的性格，我都坚持认为，只要发挥好感性的力量，我便可以与他良好相处。

那么，在和各种类型的人相处时，我们一般要注意什么？

## 关注对方所关注的

在和一个人交流时，一定要先了解他关注什么，基于对方感兴趣的或者关注的事情进行沟通。这样对方会感觉自己受到了尊重和重视，你的态度会让对方更加愿意敞开心扉。而且，对方对自己关注的事，往往有更多的话要讲，从而有利于双方沟通的持续进行。

那么，具体应该关注些什么呢？我觉得，应该关注对方的兴趣、爱好，这比他是什么性格更重要。如果你聊的东西对方根本就不关注，那么沟通将十分乏味。

## 了解对方的边界

在沟通中，对方的边界是一个我们需要注意的地方。在与别人交流的过程中，什么话能说，什么话不能说，一定要看明白。并不是所有的玩笑都能开，即便是轻松、幽默的内容，我们在说之前也要经再三权衡。

一般来说，对方不会主动说出自己的边界，如宗教信仰、隐私等。所以你要能够感知，或者用某种方式试探出他的边界。

至于试探的方法，多提问就好了，让对方多说，自己多听。从对方的表述中，你可以听出他在刻意回避哪些东西，这些就是不能谈及的，就是他的边界所在。尽量不要提这类触碰边界的话题，让对方产生信任感和安全感。

对方如果觉得你是安全可靠的，自然愿意对你说真心话。如果觉得你不安全，那么即便你问了，他也不会说。

比如，有人问我："婷姐，你一年能赚多少钱？"这个话题触碰了我的隐私。我只会对她说："只要在这个创业平台好好发展，你也会实现年入百万业绩的。"

在跟别人交流时，但凡遇到自己不想聊的话题，我都会故意岔开，这便是在含蓄地告诉对方，我不想继续谈。可是，有很多朋友就是喜欢打破砂锅问到底，一而再，再而三地追问故意避开的话题。这样的朋友，实际上是缺少边界感的。

## 多聊开心的、有益的、实用的话

我经常说，如果沟通双方能为彼此创造价值，那么人际关系会变得更好。为什么这么说？ 我们在与人交流、沟通的过程中，要为对方提供相应的价值。所谓“予人玫瑰，手留余香”，我们在给别人提供价值的同时，自己也在获得价值。

一般来说，沟通中能够提供价值的内容，无外乎开心的、有益的、实用的这几种。

给对方一些夸奖、赞美，提供一些积极的情绪价值，能让对方感觉开心；给对方一些工作、生活方面的指导性建议，对方会有受益的感觉；给对方介绍一些实用性很强的方法论和经验，对方会实实在在地成长。

为对方提供价值，让他看到自己的优点，发挥自己的优势，最终以感性打动人心。

所以，我们没有必要过分纠结双方的性格合不合适、搭不搭配，做好上面的几个基本点，把感性能力发挥出来即可。

## 理性地进行表达，同时伴随情感输出

什么是逻辑表达？ 就是有推理、有因果关系的表达。显然，这种表达方式是经过理性思考和分析的。用理性的方式搭建逻辑结构，确实能帮助我们梳理顺序，优化表述。但是，单纯讲逻辑是缺乏吸引力的，人们更喜欢有感情的表达。

从感性到理性再到逻辑性是一个发展过程，也就是说，逻辑其实是在感性的基础上被推导出来的。

拿画画的黄金分割点来说，一开始画画的人没有经过培训，没有专业化的理论知识，只是凭个人感觉画，没有人知道黄金分割点是什么。后来，很多人都画出了好看的画，大家开始找规律，对画做数据分析，最后总结出黄金分割点这一概念。在这之后，黄金分割点才成为衡量绘画水平的重要标准。

理性会让这个世界更加统一、更有规律，但是完全的理性将导致多元化的丧失。

比如，花本来的样子很美，有人发现它长得很对称，就去研究它是怎么对称的，甚至觉得只有对称的东西才美，这就是没有感性的理性。花本来长得很感性，如果让所有的花都长成一个样子，反而不一定好看。

同样的道理，单纯的理性逻辑表达，其实在某种程度上会使感性丧失。那么，我们应如何在逻辑表达中融入感性呢？

## 把左脑和右脑结合起来

在练习表达时，我们可以用理性的方式搭建框架或梳理顺序。但它并不等于表达本身，因为我们要表达的内容通常是用感性来完成的。

也就是说，我们先用理性去梳理表达顺序，解决结构化的问题。等结构搭建好，或者顺序梳理好之后，再将具有感性色彩的真材实料作为内容。

通过左脑和右脑的结合，我们将不断把理性和感性融合起来，让逻辑表达带有感性成分。

## 激发感性信号

想要在逻辑表达中体现感性，我们首先要知道感性信号是怎么产生的。人体非常奇妙，很多器官都能感知外界的刺激。比如，眼睛接收视觉刺激，舌头接收味觉刺激，耳朵接收听觉刺激，皮肤接收触觉刺激。想要让表达更加感性化，我们其实可以根据不同的内容，对相应的感受器官说话，激发感性信号。

想要激发视觉感受，我们就要讲眼睛能够看到的画面内容，如颜色、大小、动作等；想要激发味觉感受，我们就要讲舌头能够尝到的酸甜苦辣等味道；想要激发听觉感受，就讲一些耳朵能听到的象声词。在有逻辑的表达过程中，对特定的感受器官说话，可以很快地激发听众的共鸣。

比如，有次我讲课，给同学做示范。我说我来讲一个吃烧烤的场景，大家自己测试一下听完会不会流口水。当时刚好是晚上，我就运用了对着感受器官讲话的表达方法，跟他们讲了起来。

我说，有次我去外地旅游，晚上忽然感觉自己肚子饿了，超级想吃烤羊肉串，于是溜达出去觅食。我找当地人问到了当地最好吃的夜市，打了个车过去。刚一下车，就闻到了烤羊肉串的味儿，孜然和羊肉简直是绝配，这两个味道混在一起，香气扑鼻，太诱人了。远远地，我看见有一排亮着灯的烧烤摊，袅袅白烟不断从昏黄而温暖的灯光中升起，顺着香味和灯光，我一边双脚飞快地交替向前走，一边思考着一会儿应点些什么，很快便来到了烧烤摊前。

这时候，一位师傅正在翻着炭火炉上的烤羊肉串，羊肉串的油脂滴在炭火上，嗞嗞作响，一股白烟跟着升起。紧接着，烧烤师傅在羊肉串上撒了一把孜然，火苗“呼”地一下蹿起来。在炭火的炙烤下，孜然和羊肉串的香味更加浓烈了，香味毫不客气地钻进我的鼻孔，我不自觉地咽了一下口水。

随后，烧烤师傅把一排羊肉串放到一个铁盘上，拿起一把大刷子在两边刷酱。羊肉串上的辣椒油还在不断地往下滴，烧烤师傅就把一把热乎乎的羊肉串递到一位客人的手里，客人接过羊肉串，打开一瓶北冰洋汽水，便坐在摊位边的小桌子上大快朵颐起来。而这时的我已经馋得不行，赶紧向老板要来菜单……

我的描述戛然而止，问大家感觉怎么样，有没有流口水？小伙伴们在评论区里和我互动说“馋哭了”“馋死了”“口水流了一地”“想吃羊肉串”“刚才在外卖 App 上下了单”……这就是激发感性信号的表达方式的力量。用感性让表达更精彩，能够让听众有身临其境的感受，让听众更喜欢听我们的内容。

## 调动五感，将感性与逻辑相融合

分享完如何对接收器官讲话后，我还想说，要尽可能多地把更多的接收器官一起调动起来。在大多数情况下，我们表达的内容对感受的刺激不一样，调动的感官越多，表达的效果就越好。前面讲的吃烧烤的例子，就充分调动了视觉、听觉、味觉、触觉等多个感官，让听的人身临其境，更能感受到表达的魅力。

所以说，在理性逻辑表达中融入感性，设法调动五感，使听众不是听到你的话，而是感受到你的话，这样的表达一定比纯粹的逻辑表达更有震撼力。

我听过一句非常经典的话：逻辑是拉着别人往前走，而感性是让别人不知不觉地跟着你走。感性是带动别人的重要因素，表达当然也不例外。必须要承认，如今单纯的逻辑表达已经失去了吸引力。懂得调用感官，在逻辑表达中注入一些重要的细节、感性的元素，才会让表达更有魅力。

在逻辑表达的基础上增加自己的感性特质，是一种更高级的表达艺术。如果你想成为一个受欢迎的表达者，那么要善用感性的力量。你要做的不止是为听众传播知识，还要为听众带来愉悦之感。

## 感性时代，幽默表达很重要

幽默表达是人际关系的润滑剂，其重要性不言而喻。尤其在如今这样的感性时代，幽默表达比以往更加重要。幽默能够调节气氛，使人放松。

那么，如何才能练就幽默表达的本领呢？

就我的经验来说，就是多积累，多实践，多磨炼。日常生活中，多看一些笑话，积累素材；听一听相声，分析一下相声段子里是怎么表达幽默的。在与人沟通时，我可以开开玩笑，或者偶尔自嘲一下。

### 打开自己，释放灵感

不要用年龄来约束自己的生活状态，表达状态也是这样的。我原来觉得，我都 41 岁了，应该表现出成熟女性稳重的一面，可我尝试了很久，发现自己怎么也做不到。然后，我打开心结，自己的性格原本是什么状态就表现什么状态。在状态完全打开后，我自然就释放出灵感，可以说，打开自己是进行幽默表达的前提条件。

从某种意义上说，幽默其实也是一种灵感，我们只有打开自己，不去有意约束自己，这种灵感才更可能迸发出来。

## 与自己对话，真实最重要

很多人问我："张婷老师，您是如何打开自己的？"我回想过很多次，我在镜头面前是如何打开自己的。最后，我的答案是：做真实的自己就好了。你要试着跟自己对话，把自己当作朋友。你在镜头前看的是你自己，直播时看的是你自己，拍视频时看的也是你自己，所以没有什么紧张的必要。

## 多看搞笑节目

多看看相声，或者脱口秀之类的搞笑节目，看看其他人的梗、笑点是怎么设计的，是怎么被讲出来的。学习他人的幽默，慢慢让自己变得幽默起来。

## 学会扮演角色

我在“自信公众表达口才课”中给同学们留过一个特别的作业，让他们看两个电视剧的片段。一个是《西游记》中孙悟空变成唐僧的那个片段。另一个是《红楼梦》中贾宝玉给林黛玉演小老鼠是如何变成林家小姐的那个片段。

我让同学们看演员是怎么表演，怎么打开自己，扮演好原本不属于自己的角色的。我也建议读者朋友们多看一看，我们不需要在课程中学习幽默，在生活中多多留心，向幽默的人学习，也可获得幽默。

## 试着讲一些“梗”①

很多人对讲梗有畏惧心理，生怕自己讲不好，适得其反。其实，有些梗就在生活中，你可以信手拈来。

当你冷不丁地爆出一句梗之后，对方也许可以给你很多的正反馈。正反馈让你觉得上瘾，下次还想继续爆梗。不知不觉间，你变成了一个幽默的人。

① “梗”：网络流行语，有笑点、伏笔的意思，或指带有讽刺意味的内容。

## 以口语化带动情绪

所谓口语化，其实就是我们日常的表达方式。它不那么正式，不会带来正式沟通的压力，所以大家接触口语时感觉相对轻松一些。要知道，沟通的环境是很重要的，环境会影响人的情绪，而情绪又会带动内容的表达。越是轻松的表达环境，越容易给人带来幽默的感受。

## 用演的方式说

不妨想象你自己是一个演员，在某个影视剧中扮演角色。为什么需要演播呢？ 你可以想象《夜幕下的哈尔滨》，如果它只是单纯地读播，还会那么引人入胜吗？ 我推荐的演播方式不仅需要读，还需要带点角色扮演，一个人边演边说，搞定全部角色。不只是朗读，演员在情绪的带动下甚至可能手舞足蹈。

在用这种方式时，你完全可以一个人对着镜子，私下尝试练习。慢慢地，当你能在别人面前演得很精彩时，你的幽默感也将大大提升。

以上就是我想给大家介绍的提升幽默表达力的方法。

平时在家里，我们也可以用演播的方式给孩子讲故事。

妈妈有两种讲故事的方法：一种是单纯地读故事，另一种则是声情并茂地把故事演播给孩子。该是大象时，就用大象的语调；该是狗熊时，就模拟狗熊的语调；该是兔子时，就变成兔子的语调。这样，孩子才更愿意听妈妈讲故事，孩子会觉得这样的妈妈很好玩儿，有意思。而妈妈也在教孩子的过程中，慢慢培养了自己的幽默感，并且你会发现，孩子慢慢地也会变成幽默的人。

我很喜欢跟女儿在操场上玩儿“不许动”的游戏，我穿着一套运动服与女儿相互打闹，冲她扮鬼脸，扭来扭去地说：“来抓我呀！”操场上的很多人都分不清楚我们究竟是姐妹还是母女，好奇地看着我们。不要让自己被年龄束缚，陪孩子玩时，我就是她的玩伴，我把玩伴这个角色扮演好；给她讲故事时，我把妈妈这个角色扮演好。无论何种场景，我要做的就是让自己融入这个角色之中，更加自如地把幽默这件事儿做好。

其实，生活中的很多场景都适合被演出来。比如，平时你在跟朋友聊天开玩笑时也可以表演一些内容，而不是平平淡淡地将它说出来，成为“话题终结者”。不要顾及年龄，坚持演下去，相信你的幽默力将提升很多。

## 快速与他人建立心理共振

所谓心理共振，就是让大家觉得我跟你思维完全或接近完全同频。有些人可能会觉得，实现思维同频几乎是一件不可能完成的事情，非常困难。如果我们靠着理性思考，同频确实很难。但是，如果从感性的角度出发，这又不那么难实现。

之所以说要有心理共振才能更好地沟通，是因为每个人对同频的人都更有好感，更愿意把这样的人当成自己人。可以说，双方只有同频，才能是同仁或同伴。

当你尝试与别人形成心理共振，你就是主动在人际交往中开展了破冰行动。有主动的意识，是建立心理共振的重要前提。

那么，具体来说，我们该怎么做才能与别人建立心理共振呢？

## 主动而真诚地赞美别人

陌生人之间的安全距离往往比较大，大家都会有很强的自我保护意识。所以，我们要试着把这一距离感消除，这样才能更好地与对方沟通。

主动而真诚地赞美别人，可以让对方感受到你对他的认可，博得对方的好感，进而迅速拉近彼此的距离，使对方卸下防御心理。

真诚的赞美，应该是你发自内心地赞美对方的某个具体的特质，而不是说一些特别虚假的话，或者只是进行公式化的表达。如果你能带着微笑夸赞对方，将使对方更加舒服。

另外，有同理心当然也是与别人建立心理共振的必要前提。但这部分内容前面已经有所介绍，这里不再赘述。

## 站在更高的维度给建议

赞美可以破冰，提供价值才能让对方信服。一般来说，我都是先认同对方做的事情，然后给他一些更高级的建议，帮他把正在做的事情做好，将价值放大。无论是财富价值，还是人际关系价值，我们都要试着挖掘。

很多来学习创业的人，都想基于自身拥有的某项技能完成创业项目。但经过沟通，我会发现一些问题：多数人只拥有单一技能，他们的商业模式没有经过设计，变现的方式也没有经历生态化布局，他们不懂得如何将自身技能与互联网相结合。

面对这种情况，我依然会先肯定他的价值观、使命、初心。我首先会非常认同他做的事业，因为这不仅是他自己所需要做的，还能够给他人提供价值。然后，我会从他现在做的事业的基础上入手分析，帮他的认知提升一个维度。我会给他一些服务用户的建议，或是让他多方位地向用户销售品类不同的生态化产品，或让他结合互联网做公、私域变现模型。

曾有一个美术绘画培训机构的负责人找到我，疫情期间，他的门店很可能停业，他向我咨询该怎么办。我先帮他分析了一下用户，发现他的学员年龄层次相对固定，以孩子居多，而孩子一旦长大，大部分不再需要找他学习绘画，他不得不持续拓展新的学员。所以，为了留住老学员，他需要随着学员的年龄增长调整售卖的产品，这也是第一种优化产品的思路。

此外，我引导他思考，除了绘画业务，孩子在学习成长过程中还有什么需求可以被开发和深度挖掘。他可以开设一些名画赏析课、设计动漫绘画课等，这是第二种优化产品的思路。

家长们都希望自己的孩子在未来的事业中大展宏图，那么孩子很可能需要 PPT 的演讲演示能力，或者说商业路演能力。所以，如果他能把自己的绘画课程升级为手抄报课程或 PPT 创作课程，也将大受家长们的青睐，这是第三种优化产品的思路。

很多家长会根据自己的需求购买产品。这位创业者在重新创造专属于自己的标签的同时，也会获得更多的收益。

这类案例的核心在于创业者要升级思维，而且要在自己的专业领域中升维，管理他人对自己的认知。我们和别人的交流，很多时候都是用自己的专业与别人交换资源或者价值，要善于用自己的专业能力拉高自己的价值，让对方在跟我们说话时有超出预期的感觉。

## 持续认可对方的优点

在拉高别人对你的预期之后，有些人会主动跟你交流，你会发现这种感觉很好，进而喜欢上跟他聊天的舒适感。

在沟通的过程中，你要更多地认可对方，不断地帮他强化最核心的优点，让他感受到他的优点，值得被继续保留。这样，他更易与你产生心理共振，从而主动找你沟通。

当你持续在别人最擅长的领域表示支持，拉近他与你的距离时，你和对方的心理同频感也就慢慢出来了。

以上三个方法，代表了三个不同的阶段，是有层次关系、层层递进的。总之，本节讲的心理共振是一项长期工作，是三个层次逐渐叠加的结果，是一种非常有用的社交方式，也是感性表达的重要组成部分。

# 温柔地引导对方展开自我说服

说服的本质是什么？说服的本质其实不是我们说服别人，而是让别人说服自己。

通常来说，一个人越理性，越是善于分析，分析的条件越多，就越可以从各个角度去看待被讨论的事；感性则会让人处于非常放松的状态，很容易被击中内心最柔软的地方，从而容易被说服。

那么，什么样的说服方法是大家更容易接受的呢？

## 让对方意识到自己的现状

首先，我们要让对方看到自己的现状，让他产生一些改变的意愿。在大多数情况下，人们是看不到自己的处境的。你要把你能看到而对方看不到的情况客观地告诉他。你站在旁观者的角度，看到的事物可能与对方看到的不一样，这是说服别人的前提。如果你看得并不如对方全面，那么说服别人就变得很难了。

我辅导过一个开瑜伽馆的学员。当我问她在通过什么方式招生时，她说打楼宇广告；我问她周围的瑜伽馆多不多时，她说很多；我问她怎么拓展自己的市场份额时，她说，她们专业能力很高，只要将课程教得足够好，就有一定的竞争力。

我当时就很疑惑："她的自信心是从哪里来的？"在我看来，她其实没有面对现实。

实际上，很多人都有一个误区，就是把服务当作品牌力，而事实上，服务只是产品的一部分，它跟品牌力的关系不大。就算产品再好，大家如果不了解它，它也不是一个品牌。你让大家知道我的服务很好，能帮助到他们，能让他们觉得满意，这才是重要的。

鉴于此，我打算让这个学员看到现实，并正确地看待现实。于是我说，你教得好，别人也教得好；你能降价，别人也能降价。这样的话，你怎么能跟别人不同，拥有自己的特色呢？

我又告诉她，借助互联网的力量放大她的品牌影响力，讲自己的品牌故事，讲自己为用户服务的故事，让更多的人知道她的服务好，这才是最重要的。整个过程中，我没有尝试说服她，而是引导她说服自己。

接下来，她发现了现状的糟糕程度，产生了想要改变的意愿，最终被自己说服，跟我学习线上创业。现在，她不但瑜伽馆的项目做得风生水起，线上创业也进行得很成功。她搭建了自己的团队，从过去的陷入困局到现在拥有二维曲线收入，有了一个非常明显的转变。

## 谈论事实

很多时候，大家只能看到问题的表面。通过对比，人们可以发现糟糕的现状，以便进一步面对现实。在这个环节中，我们主要通过比较和谈论事实，让对方发现问题所在。

曾经有一个学员，在山东的一座小城市跟人合伙开了 3 家游泳馆，经营了大约 10 年的时间。他的收入来源主要分为两部分：第一部分是暑期的游泳班；第二部分是会员办年卡，如果会员办一年期的年卡每天都去游泳，一天的花费不到 10 元。

疫情期间，他的游泳馆闭馆了 45 天，这期间所有的营收都没有了，还要给员工开工资。而由于合伙人意见不统一，他自己策划的营销活动没有什么人参加。就此，他的事业陷入困境，他开始向我寻求解决办法。

听完他的故事，我说了一句话：“你开了这么长时间的游泳馆，有没有想过一个问题，你的客户来游一次泳，你的利润还不如一个卖雪糕的商家，你为什么要做成本支出这么大的项目呢？”

我要帮他清楚地面对现实，于是对他说：“如今这种情况下，你想再回到之前的经营状态是不现实的，对于一个没有设计过商业模式的游泳馆而言，就算所有的客户都来游泳，它的利润也十分有限。如果你没有竞争对手，以当前状况或许能勉强维持，一旦出现了竞争对手，基本上就没有利润了。”我建议他学习互联网转型及商业模式升级的方法，设计新型游泳场馆商业模式。

他说，他曾经去过西安、北京等地求学，想解决自己的经营问题，却依然没有什么效果。很大原因是他的合伙人年龄比较大，不太愿意改变，只想凭借惯性经营生意。

我帮他做了详细的分析，帮他发现他所面临的真正问题。听完我的分析，他才意识到自己的问题所在，也认清了现状。有了这个基础，我再去说服他，就变得很容易了。

## 当对方主动寻求解决方案时，为他提供帮助

当对方意识到自己的真实问题，想主动寻求解决方案时，你一定要积极地提供帮助，给一个答案就好。说服别人的最好方法，就是发自内心地帮助别人。

后来，我给开游泳馆的学员提供了两个解决方案。

第一个方案，利用互联网升维，想办法把自己的项目做在互联网上，同时设计产品线和商业模式，为用户提供更多的价值。比如，他的用户关注哪些其他的健身方式，他可以对产品做出相应的调整。

第二个方案，我建议他做两件事情来提升业绩：一件是开源，另一件是节流。用新设计的商业逻辑重新梳理人员架构，只保留必要的人力资源。做个关于整个游泳场馆资源的细致盘点，根据新的商业模式对应做资源配置。

可能有人会说，虽然他能理解这两个方案，但在实际工作中不好进行区分和操作，应该怎么办呢？

这其实和医生看病类似。医生给病人看病，第一步往往是患者主诉，说自己身体的不良感受，比如头疼、睡不着、心情不好、食欲不振等。在这个过程中，患者做主观陈述，医生仔细倾听，看看患者呈现出怎样不佳的状态。

第二步，医生给患者把脉，做检查等，这时医生心中应有一份详尽的病情介绍，即患者的现时现状，如他的血指标、心脏、肝脏等脏器功能是否存在异常等。

第三步，医生给患者一个解决方案，如应吃什么药，需不需要手术等。

我们说服对方的过程其实也是一样的。先让对方意识到自己存在问题，再帮他找到真正的问题，最后提供解决方案。

整个过程中，我们不断激发用户的感性：他想改变，让他去改变，顺应他的感性，顺应人性。

我给客户做一对一咨询时，一般不会一上来就给用户提供他们想要的结果或答案，而是通过层层递进式的提问，让用户自己找到答案，我只是起一个助推作用。

很多时候，当我们想说服别人时，可以把自己放在帮助他人且助力他人改变的位置上，这是感性地说服别人的一个小技巧。

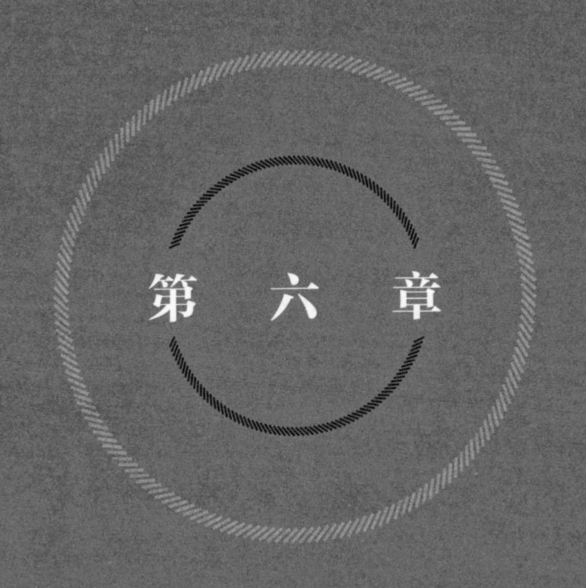

# 第六章

# 构建有情绪价值的专属个人品牌

## 品牌的价值定位：建立品牌的基点

做品牌定位，最重要的核心是什么？就是为他人提供价值，在这个价值定位上去帮助他人解决一些问题，同时提供情绪价值。一个人只有为他人提供价值，才会被人需要，所以品牌的定位要围绕价值来构建。

分享个人品牌的老师很多，我在这里想谈谈一个个人品牌的情绪价值有哪些。很多人觉得，情绪价值是一种感性的、说不清楚的东西，就像《道德经》所说的"道可道，非常道"。如果是这样的话，我们应该怎么给品牌定位呢？

首先我们要想清楚，自己在为哪一群人提供服务，提供服务的方式是什么，我们可以解决用户什么样的、什么层次的问题。

### 以终为始，价值是品牌核心

有的人做品牌定位的顺序是反的，他先想怎么挣钱，再想做什么事能挣钱，然后想如何做事，最后才是要成为一个怎样的人。品牌定位的核心顺序搞反了，导致本末倒置，走一走便会逐渐迷失自己，这样的话，个人品牌就不是一个人想表达的真实意义。

回到个人品牌的核心，我们首先要想的是想要成为一个什么样的人，想帮助遇到什么困难的人，要给这些人提供什么样的价值，然后再思考自己所提供的价值如何跟这个市场环境相匹配，最后才是如何去做市场营销。有一句话，一切始于心，一切终于心。所以，我们做品牌定位一定要以终为始，要从最终你想达到的目标为出发点考虑，而不是短时间内怎么挣钱。所以，品牌的本质是由心生发出来的，是感性的。一个品牌应该是真实的、有温度的。

## 价值观引领，与用户共鸣

如今，用户常基于情感的共鸣、共性做出购买决策，他们所在乎的不仅是产品本身，更是产品、服务或知识中的情感认同。所以，品牌定位的基础，在于创始人本身是一个真实的、真诚的人，我们在网络上打造个人品牌时也要重视这一点。每个人都有念旧心理，用户也希望交到长长久久的朋友，唯有真诚才能打动用户。

因此，无论打造个人品牌还是企业品牌，我们都要认识到一点：只有发自真心，品牌故事才会感性，我们要靠价值观吸引用户，使他们长久地与我们在一起。

作为品牌的创立者，我们更要与用户站在一起，用户就是市场，就是我们的衣食父母。所以，我们要先以用户视角来保证用户的安全，这是我们的第一价值。你跟用户是同一个战壕的兄弟，而不是站在他的对立面。你要把自己当作用户的品牌体验官或者产品体验官，你是在帮你的用户体验产品，帮他们做产品筛选。

具体应该怎么做呢？我们和用户拥有共同的利益和价值观，必须与用户成为同盟。

共是一起，即不要分离、割裂或对立；同，指相同，即价值观相同。也就是说，我们跟用户的利益不要分开，跟用户的感受不要分开，跟用户的需求不要分开，同时，我们要跟用户共同成长。

未来，人们与同自己价值观一样的人都能够形成联盟。所以，今天做品牌定位的人，应该是一群具有相同价值观的人，我们应在大家都认同的前提下一起去建设个人品牌。只要愿意跟大家共同成长，那么我们的产品也是用户的产品，大家正共同进步。

## 扎根去做，稳扎稳打

既然品牌定位已经做好了，你就要把根扎下去做，脚踏实地去做。如果你一会儿把自己的品牌定位定低，一会儿定高，你的用户就很难对你的品牌有明确认知。

任何一个人，即便不做公司，不做很大的事业，往往也要经营好自己的个人品牌，因为每个人都有一个品牌。每一次跟人谈话，每一次面试，每一次公开演讲，每一次直播，每一次短视频的拍摄……都是你个人品牌的展示。回到我自己身上，一些人之所以认可我、追随我，就是因为他们觉得我真实、真诚，充满感性力量。

我一直觉得，感性地思考可以帮我们找到真正的自己；有时越是理性地分析，我们越不知道该怎么往下走，会感觉寸步难行。所以，倒不如从心出发，觉得一件事适合自己，就去做。一步步往前走，只要有热情，有发自内心的引领，好的结果总会慢慢显现出来。

那么，具体如何做到跟随本心，有定力地做自己呢？

## 坚持学习各种知识

知识是我们从外界学来的，上文提到，“三人行必有我师焉，择其善者而从之，其不善者而改之”。这就是学习的一部分，此处不再赘述。

## 由内向外地习得

学只是一个单纯的学的行为，怎样才能学会呢？ 得靠“习”，即实践来学。过去我们买的字帖叫《习字》，意思是字是被练出来的。其实，不管我们做什么事情，都离不开“习”这件事，能力是通过实践被由内而外练出来的，通过不断地练习，我们可以更容易地具备某项能力。

## 有修为才能有气场

为人处世时，很多人都想成为一个有能量的、有气场的人，这个能量是从哪里来的呢？ 是用修为修出来的。怎么去修呢？ 我学到的方法，是带着利他之心为人处世。当一个人修炼好了修为，对内来说，自己有了能力；对外来说，有了气场。一个人的能量值和影响力就是这么来的。

## 脑、身、心合一

“学 + 习 + 修”三件事一块儿做，指用脑子学，用身体练，再用心去悟。当脑、身、心都用上时，我们可以拥有更大的智慧。

我经常同我的创业伙伴说，“人”字一边是自己，一边是他人。这个怎么解释呢？“人”有两条“腿”，即一撇一捺，一边指的是自己走，另一边指的是他人帮着我们走。所以，我们不但要利己，还要利他。也就是说，要先做好自己，再去帮助他人。具体而言，就是正心修身，先把自己的心态摆正，每天不断地努力。我们应该和用户共同学习、感悟，共同获得智慧。

## 价值观是品牌的情感寄托

所谓价值观，是一个人做一件事情时比较看重的东西。企业价值观就是这个企业的价值追求、愿景、使命等。

企业在初创时期，或者人想做一件事情，但是没有那么多资源时，如果想去连接一些人，那些看中利益的人大概率不会跟他在一起，价值观一致的人更会选择在一起。所以说，价值观是可以使人暂时抛开利益，把同类人连接在一起的非常神奇的东西。

那么，价值观有哪些类型呢？

在我看来，价值观大致可以被分成两种：一种是利己的；另一种是利他的。

### 利己的价值观

利己的价值观，就是自己得到利益的话就做，得不到利益的话就尽量不做。我们在寻找事业伙伴、招聘员工时，都会遇到这样的人。这类人首先关注自己的利益，凡事以自己为先。

## 利他的价值观

利他的价值观，就是以别人为先，自己的事情可以往后放，拥有此类价值观的，是群以“先天下之忧而忧，后天下之乐而乐”的人，总是将别人的利益放在前面，自己吃点亏也没有关系。

这两种价值观通常并不能被割裂开来，它们是相互依存的。《自私的基因》告诉我们，人的本性一定是利己的，至于怎么才能更好地利己，我们往往在先利他时才更能利己。

对价值观的理解，确实有层次之分。

从企业的角度来讲，价值观反映的是创始人的格局、企业的格局。三流的企业做生意，二流的企业做业绩，一流的企业做价值观。

比如，小米刚开始创立时，企业使命是“让每个人为发烧而生，为每个中国人提供一台性价比高的手机”。但今天雷军说，他想让每个人都能够享受科技的乐趣。随着环境的不同，小米的价值观在发生变化，或者说，一个企业的能力越大，想要追求的价值就越高。价值追求能为我们指明方向，越是远的追求，越是模糊、朦胧的，这时候需要我们明确一个大致的方向；而越靠近眼前的东西，越是清晰的，越需要被落到实处。

从个人的角度来讲，价值观反映的是一种生活的选择，是对自我使命、自我价值的选择。三层的人才向钱看齐，二层的人才向能力积累看齐，一层的人才向价值观看齐。

我们不能说喜欢赚钱是错的，但是仅仅把赚钱当作价值观的人，可能并没有意识到金钱是提供价值的一种副产品。所以回过头来，既然我们要建立品牌，便要让大家看到我们能提供什么样的价值，能够为他人解决什么问题。

2019 年，我在工作中遇到了瓶颈，同时在子女教育方面遇到了困难。我非常焦虑、迷茫，到网上找课程学习，希望能用个人成长来解决问题。我找到了张萌老师的“财富高效能”线下课，第一节课结束后，她让我们每个人都写一下自己的人生蓝图，也就是自己的人生使命，做一个自己的人生定位。

当时，我觉得孩子的学习是个非常现实的问题。我一直认为，孩子的学习成绩一定有办法提升，是我们没有帮助孩子找到好的学习方法，所以孩子才不爱学习、学习不好。于是，我为自己设立了一个定位，叫作“张婷——智慧家长带头人”。

经过学习，我发现了问题：很多跟我一起学习家庭教育的人，在学习后并没有实践。也就是说，单纯学习家庭教育并不会让大部分家长发生改变。我就在想，是否可以通过自己的学习带动他人学习及实践。于是，我重新为自己设立了定位："张婷——课程精进指导教练。"这时，我的主要目标是帮助学员学会课程，让他们能够通过课程自我精进。

又过了几个月，我又发现我可以通过学习知识做到知识变现，帮助学习者把学习转化为生产力，所以又重新给自己进行定位："张婷——知识变现导师"。自此，我开始帮别人解决知识问题。

再后来，我发现自己可以辅导创业小白提高月收入，所以把自己的定位升级为："张婷——小白创业导师。"

最近这段时间，我通过学习和实践，又对自己的定位进行了升级，变为："张婷——创业赋能教练。"我开始带领学习者一起进行互联网创业，从创业素质讲到方法技能、实战训练。跟我一起创业的人，不仅个人得到了成长，而且在原来收入的基础上，拥有了互联网创业收入。我在更高的维度上给大家提供了帮助。

这个自我升级的过程，其实就是我的价值观不断进化的过程。我本着帮助他人的原则，一路升级自己的能力。

总的来说，品牌的建立，要有价值观的加持，它反映的是一个人追求层次的高低。在价值观不断进化的过程中，我们会跟用户产生持续的连接，思考用户的需求是什么，以及自己内心最想要什么，通过价值观与用户建立持续而紧密的联系，增强用户黏性，促进共同成长。

## 感性价值是品牌竞争力的重要构成部分

感性价值可以击中用户心理，调动用户情绪，对品牌资产的积累有极大的促进作用。

我每次授课，都用自己的知识尽可能多地帮助学员更好地理解课程，提升学员的学习能力与速度，通过学习拿到结果。我做这些事情并不仅仅为了做自己的个人品牌，也是为了给团队做品牌。我希望有更多的用户认可我们，加入我们的团队，我就是在让自己的个人品牌为我们整个创业团队服务。总之，目前我的直播、朋友圈、授课内容等都以这个原则为出发点。我用我的个人品牌传递团队共同的价值观，以展示我们能为用户解决什么问题，诠释我们的价值，帮助团队中所有创业伙伴更好地实现知识变现。

对我的学员，我总是尽力帮他们发现目前存在的问题，给他们好的建议，从而一起寻找解决方案。他们也相信我所说的话，是我的感性价值影响了他们。

在知识付费变现赛道里，有很多优秀的老师，为什么会有那么多人选择跟我学习，是因为我有很强的竞争力吗？并不是，因为我更懂得运用感性的力量，能让学员们感觉到我更懂他们，我更能站在他们的角度上提供最大化的价值。

我更加关心用户本身关心什么，有哪些问题需要解决，把他们关心的问题当作重要紧急问题，能解决的便及时解决。即便当下无法解决，也会思考怎么能帮他们解决，这些都是用户能真切感受到的。

## 关心细节

我不会千篇一律地认为用户都是一样的，所以不会通过给用户画像的方式呈现他们的需求，我会真正了解用户特殊的、特定的需求。这是我与用户连接的一个特点。

比如，对某个女学员，我不会认为她仅仅是一个职场人士，我会更多地关注她其他身份:宝妈、妻子。她要平衡家庭，又要提升自己，还要教育孩子。我需要帮助她扮演好多重角色。她是一个有情感的、生动的、有细节的、独特的人，是一个立体的人。

总结起来其实就是一句话：不把用户当数据，当流量，而是把用户当作立体的、独特的个体，这样才能挖掘用户背后特定而又多重的需求。

## 真诚、直接地对待用户

真诚和直接，往往意味着不为了取悦和讨好用户而远离他们，而是应该指出他们的问题所在，并尽可能地帮助用户解决问题。

拿我自己来说，我的真诚体现在，我不仅会直接指出用户的问题，还会帮助用户解决问题。所以，我的用户都觉得我很好接近，我能拉近和用户的关系和距离。我的真诚和直接也不会使用户觉得我是在取悦和讨好，而是在实实在在地帮他们解决问题。

很多人觉得我这样做多此一举。甚至有的用户会感到不可思议，我作为一个与他没有任何关系的人，为什么会如此替他着想。

我愿意为用户多做这一步，是真的想帮他们解决一些实在的问题，用户也能感受到我的真诚，很多用户甚至因此成了我的创业伙伴。

## 以平等视角探讨和解决问题

今天这个时代，大家都希望自己能真正被关注。一味仰望他人时我们会有压力，会感觉累，会习惯性地把对方当作权威。

所以，我一直把自己定位成学习者的学姐、朋友，把自己当作团队的帮手，而不是高高在上的管理者。我跟所有人一样，是他们当中的一员，我会说他们听得懂的话。我给他们提供建议，在交流的过程中，我们的地位是平等的，而且我始终面带微笑，始终让他们感觉我在用平等的视角和大家一起探讨、解决问题。当我说自己与大家一样时，也调动了他们的主观能动性。

我始终认为自己是个非常普通的人，换句话说是个没有任何资源和背景的草根。人外有人，天外有天，我看得清自己，深知自己是一个普通人，要把全部力量用在帮助更多的普通人上，所以大家觉得我很接地气。

在直播间里，我把我的粉丝称作“豌豆公主”，每天精心地呵护他们。童话故事中，豌豆公主因为一颗豌豆而睡不好觉，因为她习惯了舒适柔软的床。我精心地打磨内容，每周一至周五早晨在直播间分享，毫无保留，就是在为我的豌豆公主们铺一张舒适的床，以至于大家愿意留在我的直播间，听我讲的内容。

正是因为我跟用户们距离很近，能站在他们的角度上考虑问题，能满足他们的情感需求，所以赢得了大家的认可。

个人品牌应该是鲜活的，是极具个人特质的，也就是充满感性的，这也是个人品牌竞争力的核心。一个鲜活的人，应该有自己的个性，而不是追求跟其他人一样，人们也无须模仿大V[①]或者大咖[②]。

以前，我总觉得自己是一个中年人，应该给人优雅、沉稳的感觉，但我试过，还是有些困难，所以我用自己的方式展现特性。大家说，我的直播间里总有“魔性”的笑声，很有能量，很治愈，还很幽默，听我的直播很开心。这就是我，真实、鲜活的我，我的品牌特质可以说是独一无二的。

个人品牌越是鲜活、越有个性，越能让用户深刻地记住。我们在提升品牌竞争力时，感性力量的营造就显得十分重要，我们坚持做鲜活的自己，便更能够提供感性价值。

---

① 指在新浪、腾讯、网易等微博平台上获得个人认证，拥有众多粉丝的用户。

② 本意为大角色，引申为在某个领域里比较成功的人。

## 变品牌威望为品牌吸引力

有很多人问我：你总是强调“感性”，这个词有些虚无缥缈，难以把握，你带团队的时候有什么章法？怎么衡量给用户提供好的服务、好的价值？

实际上，只要你的品牌威望建立起来，或者潜在的品牌威望已经有了，品牌在用户心中将是屹立不倒的。

品牌威望的来源极具综合性。它是自信表达、成长心态、坚定意志、长期主义的精神等共同作用的结果。如果你能把为用户提供的价值以故事的方式呈现出来，进而形成榜样的力量，你的内容就具备一定震撼性和说服力，用户将自然而然地受到感染。

比如，我曾经把自己的故事拍成短视频，讲述自己这些年来的经历和心得。很多朋友看了会评论与反馈，在评论区里留下他们眼中，我是一个什么样的人之类的评价。看了我的过往，了解了我的态度，他们觉得很励志。很多人把我当作榜样，这就是我树立个人品牌威望的一个过程。

那么，具体来说，建立品牌威望需要做好哪些事情呢？

## 做好每一件能做好的小事

建立品牌威望，需要我们脚踏实地，把每一件小事做好。

我之前讲过我的价值观升级过程，一开始，我没有过高的目标，只想根据自己当时的能力，在每一个时间节点，做好自己能做的事情。我做的事情都很真实、具体，时间久了大家自然会发现我的真诚和改变，并且相信我能够做到。

如果我一开始就设立一个大大的愿景，自己都感觉没把握、做不到，那大概率会让别人觉得很虚假，无法取得别人的信任。自己都不够坚定，就不要奢望有较高的品牌的信任度了。

## 品牌成长速度应快于用户预期

一般来说，某个行业的用户是一类相对固定的人群。这类人群会有相近的价值观和需求，随着认知的提升，他们的需求在不断提升，价值观也在逐渐升级。这就要求一个品牌能够提供的价值，要能跟上甚至超出用户的预期。

品牌成长的速度只有大于用户的期望值，才能让用户对品牌黏性更强，这个品牌才能更加有威望。

## 品牌定力和长期主义精神

做品牌时，很多人定力不足，今天想做这个，明天想做那个，后天又想做其他的什么。总在不停地换方向，用户的信任度和黏性降低，慢慢地也就没有什么威望了。

建立品牌，应该坚持长期主义，做一个你认为值得做一辈子的事业，让用户看到品牌的定力，这样你才能打动用户，使品牌在用户心中有一定威望。

无论你在哪个行业、哪个赛道，都不必过于纠结，当你的个人品牌做好了，基本上你做任何事情都是在为用户做加法和增项。或者说，你可以为用户提供更高维度、更高质量、更大价值的服务。

在建立了品牌之后，你需要不断地向更多人呈现这个品牌。用户看见品牌的次数多了，才能对品牌产生印象甚至向往之心。这种做法符合用户的心理需求，在心理上，它被称作“多看效应”。通过高频次地出现，抓住用户眼球，慢慢就能把用户牢牢地吸住。

那么，怎么逐步把品牌威望变成对用户的吸引力呢？

## 感性带来的“无中生有”

所有的品牌都会经历从无到有的过程。若干年前，没有海尔，没有小米，没有新东方，但是现在，它们都出现了，并且就在我们身边。

这些品牌的建立，经历了前期的市场调研、商业策划、用户分析，一步步从无到有，从小到大。

但我的个人品牌的建立之路更接近“无中生有”。

一开始，我的公司叫“赋能智慧”。当时我想做的事情，是帮助家长给孩子找到更好的学习方法。我想创立“赋能智慧家长学院”这一项目，所以给自己的公司起了这个名字。这个名字其实也是很感性的，我灵机一动想到了它。

但是，有些人觉得，这个品牌名称的解释成本太高，大多数人都不知道赋能智慧是什么。带着这个疑惑，我向一位帮助许多大公司做过品牌设计的大咖求教，跟她探讨“赋能智慧”怎么样。对方告诉我说非常好，很大气，很有时代气息，也符合我做的事业和愿景。于是，我就这样坚持下来了。

## 升级品牌

建立良好的品牌后，更重要的是让品牌有持续成长的空间和可能。你要做一些正确的事情，比如做宣传、公益等，以此配合和支持品牌的发展，让品牌产生更大的影响力，这样，品牌才能越来越吸引人。

如果人们能基于品牌价值经营自己的品牌，品牌就可以随着价值的提升而不断升级，用户也会产生相应配得感。如此一来，用户的忠诚度会更高，品牌的吸引力将不断被放大。

## 坚守价值感，要使品牌超出用户的预期

我们要坚守品牌的价值感，不能偏离方向，而且要保持品牌价值感的持久性，争取有超预期的交付。比如，这个品牌在用户心中的定位是 A，但是我们要做的是 A Plus，最终我们呈现出来的确实也是 A Plus，这就是超出用户的预期。

想要超出用户的预期，便要创造惊喜，给他们一些意料之外的收获，这样品牌才能被更好地传播。可以说，没有惊喜就没有口碑，用户之所以愿意帮你传播，是因为你做的事情确实在一定程度上帮助了他们。比如，我对用户的吸引力，主要来源于他们看了我的视频号、短视频和直播，觉得我很励志，很想向我学习。他们没想到我这样一个女性，会在 38 岁时通过学习发生巨大变化，会有那么多精彩的故事和磨砺，

这超出了他们的预期。

概括来说，要坚定不移地为用户创造惊喜，这样我们的品牌威望才会不断增强，产品才能吸引越来越多的用户。

## 讲好带温度的品牌故事

为什么要讲好带温度的品牌故事？因为，走心的品牌故事对构建品牌而言十分重要。自然地讲好品牌故事，不仅可以调动用户的情绪，更好地诠释品牌，还能够让人更加信赖，使品牌形象更加深入人心。

一个品牌，看起来好像就是简单的几个字，但创始人的基因已经融入其中。所以，品牌故事一定要跟创始人的故事紧密结合。这样，我们才能更好地通过故事，让用户更感性地理解这个品牌，而不是仅仅停留在字面意思的理解上。这就是为什么很多品牌会通过故事做广告营销，它们虽然没有解释这个品牌的字面意思，用户往往对这个品牌的理解更加深刻，如德芙的品牌故事等。

那么，具体应该怎么把一个品牌故事讲好呢？

## 好的故事一定有内在的动因

人们要去做某件事情时，会有一些内在的动因。这些动因是“抓手”，往往带有感性的因素。一个好的故事也一定有内在的动因，带有感性的色彩。

我经常给粉丝们讲我小时候在奶奶家的日子。奶奶是一个有重男轻女思想的人，所以奶奶不太喜欢我这个孙女，我在奶奶家的生活也是小心翼翼的。有一次，奶奶在案板上晾了两碗粥，我觉得应该是给我晾的。我特别想尝一尝粥里放盐是什么味道，就给自己的粥里加了一些盐。谁知奶奶已经提前给我加好了糖，我一尝，又甜又咸的粥太难喝了，我担心被奶奶发现，便一口气把粥喝完，还不敢告诉奶奶……

当时，我父母住在陕西省三原县，我奶奶住在铜川市。每个周末，父母都要到奶奶家看我。过完周末，父母要走时，我会把他们送到火车站，看着火车开走后才跟奶奶回家。奶奶家里有两个房间，一大一小，小房间里放了台缝纫机，每次把父母送走，我都会蜷缩着坐在缝纫机的踏板上哭，一哭就是一下午。

小时候，我在一种没有安全感的环境中生活。后来，我考上了军医大学，从普通的铁路职工家庭走向部队，又从部队走向首都，现在又成了家族里面唯一一个敢于创业的人。

亲戚都觉得我是一个很神奇的人，说我和小时候比简直变化太大了。可只有我自己知道，这一路走来，我的内在动因就是想向奶奶证明“女儿当自强”，这个目标推动着我不断向前。

## 鲜活的人物形象不可少

在一个好的品牌故事中，人物是灵魂所在，鲜活的人物形象是不可少的。

一个品牌之所以伟大并且屹立不倒，也是因为创始人的生命中有某些特定的人物出现，这些人物对品牌创始人造成了极大的影响。

比如，我在医院工作时，有一位情商很高的护士长，我就向她学习如何提升情商。做医药代表时，我的老板非常真诚，他说过，如果能力得不到提升，走到哪儿都一样。于是我选择通过学习来提升自己。对我来说，每一个能为我带来正向影响的人，都是值得我学习的。

另外，品牌的故事中需要出现一些关键人物。这些关键人物对故事的主人公到底产生了什么样的深远影响也很重要。

比如，我几乎不太提及我父母对我创业的影响，因为他们非常尊重我的选择，任由我“野蛮生长”。如果父母过于干涉我的选择，或者给我带来很大的压力，我想我将不会有今天的发展。

## 有冲突和反差才是好故事

没有细节，就无所谓故事。与感性有关的好故事，一定会有冲突、对比和反差。

没有冲突的故事，平铺直叙，缺乏趣味和吸引力。冲突、对比和反差，都是调动感性的绝佳手段，我们只有不断刺激感官，才能让大家走进故事、身临其境。

比如，我曾经是一个在职场打拼的普通人，通过学习将知识变现，后来成为一名互联网创业导师，带领千人团队共创千万业绩，这就是一个有冲突的故事。再如，我的一个学员原本是一个宝妈，每天带孩子、做家务，没有经济收入，只能靠孩子爸爸的收入维持家庭开支。她经过学习成为月入5万元的互联网创业者，现在，她雇了一个保洁阿姨帮忙打理家务，她自己的家庭地位也得到了提升。这个故事中的反差和对比就十分吸引人。

所以，好的故事要有一定的冲突，而且冲突要尽量落到关键人物和特殊细节上。这种特殊的细节越小越好。喜欢讲故事梗概的人，一般很难让人感同身受。

## 整理自己的故事

随着年龄的增长，一个人遇到的人和事会越来越多，这些故事会不断地增加和积累。所以，人们需要定期整理，想想哪些故事能更好地提升品牌。自己的成长故事、奋斗故事、团队故事等也都可以被融合进来。

在整理故事的过程中，我们不仅可以积累新的故事，也能从以往的故事中发现新的亮点，让故事变得更加充满感情，更有感性色彩。

即便是同一个故事，我们也可以从不同的角度解读，深度挖掘故事背后的价值，把它运用到各种不同的场合之中。

一个有温度的品牌故事，往往是真实发生的，因为有了真情实感才能足够鲜活打动人心。

东方甄选的直播间里，董宇辉就是这样讲故事的。他讲他小时候妈妈给他送饭的故事，他只是很简单地描述了一下过程，没太过度渲染，但他的故事可以体现两点：一个是真实性；另一个是连贯性。

真实性可以打动人，连贯性更能吸引人。对于发生在自己身上的故事，我们在讲的时候要描述出很强的画面感和丰富的细节，它们是一个整体，不能被拆分开来。

在讲品牌故事时也要注意这一点，最好先单纯地讲故事，讲完故事之后再讲观点。如果在讲故事时穿插着讲一些观点，听众可能有撕裂感，故事的吸引力也将大打折扣。

## 满足用户的超预期需求

一般来说，很多用户会对品牌有超预期需求。预期是一种感性的东西，超预期就是让感性中的感觉放大，给人惊喜。在满足用户的基本需求之外，一些品牌方还能提供一些延伸服务，让用户有惊喜的感觉，这样更加有利于赢得用户的喜爱。

可以看到，好的品牌其实都有很强的延展性，它就像一个柔软的面团。面团本身足够柔软且具有弹性，当我们把它擀成面皮时，它的面积就可以不断扩大。

当然，就像面团的弹性有所差异一样，品牌的延展性也是不同的。所以，有的品牌延展起来比较容易，有的品牌延展起来会比较难。那么，什么样的品牌容易延展，什么样的品牌不容易延展呢？

总的来说，感性品牌或者女性品牌更容易延展，理性品牌或者男性品牌则相对不太好延展。为什么这么说？因为品牌的延展性往往建立在用户的认可度上，它与感性的关系更紧密一些。

当品牌的感性属性很强时，用户的情绪容易被感染，就容易很自然地接受品牌延展。当品牌的理性属性很强时，如果我们用感性做品牌延展，则会带来一定的违和感。

用户对品牌的延展性需求，一般有哪些呢？

## 分享个人使用心得

如今，无论打广告还是个人 IP 的品牌营销，一些品牌方都会大讲特讲自己的感受，向用户分享自己的使用心得。

为什么要讲使用心得？因为用户喜欢看。从本质上说，这其实是品牌方在身体力行地帮大家做产品亲测。比如，网红直播带货，很多时候她不用讲这个口红是什么色号，只须在直播间涂抹一下，用户便愿意消费。用户亲眼看到了效果，亲耳听到了评价，对产品就有了更感性的认知。所以，对用户来说，亲自测评之后的感受，是很重要的影响购买的因素。

因此，这个产品和测试的过程一定要真实，这样你才能代表一个群体去感受购买体验。很多网红之所以受欢迎，就是因为能跟用户分享使用心得，离用户很近，能表达用户的心声。

从某种意义上说，体验是一个产品基本的功能性的需求，给用户好的体验。产品应质量过关，保证安全和品质。在基本需求之外，品牌能够带给用户更多感性的需求，让用户有超预期的感受，从而满足他们超预期的需求。也就是说，用户对品牌需求的延伸一定程度上基于感性，感性的部分也可以帮助我们的品牌进行延伸。

## 满足用户好奇心，扩大自己的隐私象限

大部分用户都有“窥探心理”，很想知道某个品牌在基础功能之外，还能给他们提供怎样的额外服务和体验。如果产品能满足用户的这种好奇心，也会给用户超预期交付的感觉。

从本质上说，用户的窥探心理延长了产品本身的价值和意义，推动了产品与具体的生活场景相结合。任何一个产品的体验过程，其背后的故事或延伸的内容都是超用户预期的。

在这方面，我通常的做法是：把我的隐私象限的其中一部分放大，让用户看到放大之后的我具体是什么样子。这样做的目的，是让用户看到我与产品的情感连接。

所以，当用户有一定的需求时，你可以通过放大一部分隐私象限引发用户的好奇，满足用户的窥探心理，带给用户超预期的感觉。这样，你产品的交互价值就会被放大，品牌影响力也会不断扩大。

## 专业和跨界相结合

在做产品的过程中，最重要的事情之一，就是让用户满意。用户感觉满意，他们的忠诚度就会提高，双方继续合作的可能性就会更大。毕竟，用户也想降低选择成本。

如果你能带给用户超预期的感受，他们就会心满意足，对品牌的信任度更加增强。要做到这一点，你要根据马斯洛的需求层次理论提升用户的需求。具体来讲，一种方法就是将专业和跨界相结合，给用户更多的消费体验。

专业和跨界结合，就是你在深耕专业领域的同时，可以通过跨界对产品进行延展。

专业上，根据马斯洛的需求层次理论，最高层次的需求满足，是自我价值实现。在这个维度，你要向航空公司学习。航空公司一直在为用户提供贵宾式的服务，一直给 VIP 用户升舱，给用户的感觉就是自己一直在“上升”、在不断“上升”。这种做法也使用户每次都有特别好的体验。

在跨界上，我提倡大家向小米学习。小米已经拥有了自己的生态系统，它的产品在不断延展，可以多层次、多领域地满足用户的需求。

可以看到，无论从专业角度，还是从跨界角度，品牌其实都能在一定程度上满足用户的某种需求，给用户好的消费体验。如果能把二者结合起来，那么用户将有超预期的满足。

给用户超预期感觉的目的，其实就是让用户永远喜欢我们，为用户服务也是我们的终身事业，这是构建品牌的一种方法，也是挖掘用户终身价值的一种方法。

品牌和用户的关系，应该是相互陪伴、共同成长的。二者彼此深度认可之后，用户大概率会留下。品牌不仅要陪伴用户成长，还要帮他们不断提升自己的价值，这是挖掘用户消费体验，实现与用户共同成长的最好方式。

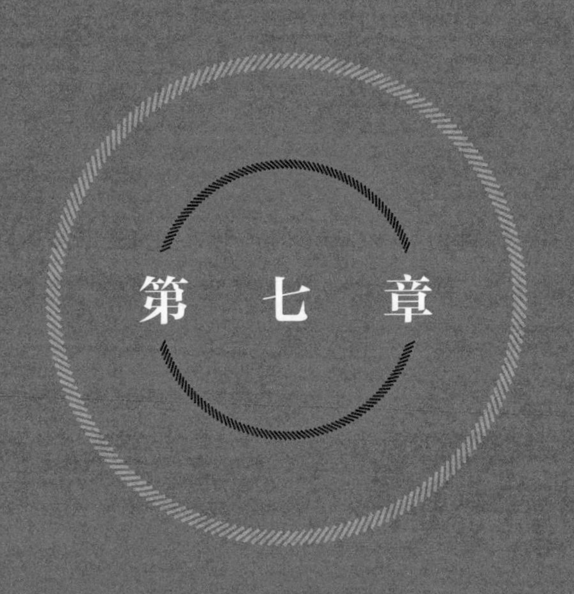

# 第七章

# 销售变现中的感性色彩

## 消费者心理对销售的影响

常见的消费心理是什么样的？很多人认为是冲动消费，也有人说是触动消费，还有人说是感性消费。其实，这些答案背后都隐藏着这样一个逻辑：使用户在消费时有一点冲动性，产品才具有更大的价值。这么说本身没错，但冲动消费和感性消费也并不是一回事。

感性消费中，消费者从心出发，潜意识觉得需求被激发出来了。它不过分强化产品属性，而是勾勒场景，强调商家应给予用户感性的同理心，向用户描述未来的各种可能性，营造用户的获得感。而冲动消费是短视的。

那么，应该怎么通过感性引导消费呢？

### 帮用户找到底层消费需求

我们应让用户自己确认买某个产品到底要做什么，然后用具体的方法去引导他找到自己的底层需求。不要一味认为感性就等于冲动，我们应该明确感性消费和冲动性消费间的区别，先让用户找到他想消费的底层需求想法。

## 让用户有免费的感觉

不少用户都有一点“占便宜”的心理，给用户一种免费获取的感觉，用户将非常乐意买单。

把自己的产品设计为“免费”就是一种很好的方式。用户将感到自己的消费不是消费，是一种投资行为。我们可以先让用户购买，同步设计满足某种条件的返还模式，这样的返还模式不但可以驱动用户为了完成某种任务而留存下来，还能使用户成为品牌的宣传者，甚至是销售者。

## 把产品放在生活场景中

用户购买产品是为了满足需求，这个需求一定是在生活中的某个场景下出现的，所以在销售产品时，我们要讲解这个产品的使用场景，用场景激发用户的感性，让用户可以想象到他在拥有这个产品之后，生活中场景将会发生哪些好的变化，这个结果又会让他如何获益，用这个获益的结果来促进用户购买。

## 投资思维

一般的销售给客户的感觉是让客户花钱，高级的销售给客户的感觉是做自我投资。花钱是一种消费行为，是从客户的口袋往外掏钱，而投资是帮助用户积累财富。我们如果能从这个角度沟通的话，用户将更乐于购买产品，因为投资自己是最划算的事情之一。销售中的投资思维指的是让客户认可自己的行为，从本质上讲，就是让客户自己成交自己。

此外，还有两个技巧和策略：一个是底线思维，另一个是成长思维。

## 底线思维

底线思维，就是可以给客户介绍最坏的情况。我们要从感性上去表述这一底线，要让客户体验我们表述的感觉，让用户关注得到，使客户仍相信，即使在最差的情况下，他购买产品仍会获益；即使是期望值内最小的收获，也好过没有收获；即使是一个一般的结果，和他自己的现状对比起来，也是一个更好的结果。

## 成长思维

我们可以让客户看到自己的成长空间，对客户描述一个客户与公司共同成长的过程；用感性的词汇进行表达，帮助客户构想未来的画面，让客户想象未来的自己。这样，我们就能用感性的力量推动成交进程。

总之，以感性的力量做销售，在销售过程中我们可能不需要产品对比、分析数据、进行性能介绍，只需要唤醒客户的购买欲，激发用户的兴趣即可。

## 产生精神共鸣是售卖产品的基础

在知识 IP 经济时代，产生精神共鸣是售卖产品的基础。在了解精神共鸣之前，我先解释一下“精神”这个概念。精神是一种存在于情感之上的东西，它比情感更加复杂。

如今，很多产品的销售都是以社交的形式进行的，它更多是一种精神上的社交。而我们往往要从同频的人里开展社交，这样才更容易形成精神共鸣。并且，这种精神共鸣是靠你的精神之力吸引而来的。

大家想想看，为什么东方甄选直播间的董宇辉那么受人欢迎？因为他有一种精神之力，让大家觉得我愿意为他买单。俞敏洪老师 60 多岁还坚持自己的理念，想让这个世界变得更好，这也是一种精神之力。当一方传递出这种能量和力量时，我们能感受到，因为这种精神之力超越了情感需求和基本的物质需求。

在知识 IP 经济时代，知识与故事串联后，会形成一股更重要的力量，这是一种在价值观之上的精神配合。过去几十年间，互联网让我们每个人可以在一年的时间里有以往在这个世界十年的认知。同时，随着知识付费时代的到来，人的信息差和认知差变得越来越小，人也在快速地进步。大家也开始更多地关注情感方面的需求，对精神的追求更明显。所以，我们要看到这个机会，大力创建或提升自己的个人品牌。

我的粉丝和学员之所以认可我，也有一部分原因是觉得我能够让他们感觉到情感上、情绪上的共鸣。当他们觉得自己没有能量时，看到我的直播就会很有能量；哪一天没有看我的直播，他们就感觉这一天少点儿什么东西似的。他们已经习惯每天从我的直播间中获得能量感，这就是一种精神之力。

那么，我们如何与用户产生精神共鸣呢？

## 做真实的自己

我觉得一个 IP 不用刻意地包装自己，用统一的审美标准打造自己，一味迎合大众的眼光。要想与用户实现精神共鸣，品牌只要做好最真实的自己就好了。真实的自己更易让大众耳目一新，大家也会期待这个 IP 的更多可能性。

## 相信习惯的力量

如今的商业都应该有一个使命，就是帮助用户养成习惯。习惯的力量是巨大的，一个 IP 也应该给自己的用户养成习惯。为什么大家喜欢《罗辑思维》这种知识型脱口秀节目？因为罗振宇每天坚持发送 60 秒语音，这体现了一种习惯的力量。樊登老师主张，“多读一本书，世界多一份祥和”，同样能够让大家感受到他背后有一种精神。他每周讲一本书，坚持了十年，从来没放弃。我也坚持每周一至周五早上 8 点直播拆书，这一习惯从未间断。这种坚持成为一种精神引领，帮助用户形成习惯依赖，让品牌价值深入人心。

因此，一个品牌之所以能深入人心，往往源于其对用户习惯培养的重视。当你的个人品牌有固定的时间、场次、时长，被以一个大类的固定内容进行传递，用户将对产品产生依赖，大家会在不知不觉中被感染和改变。

## 关键故事提炼

什么叫关键故事提炼？就是将能够感染大家的或者是将你自己身上发生过的有能量的故事提炼出来。

我相信，无论多么小的个体，身上都会有令人震撼的故事。当我们将这个震撼的故事提炼出来，强调当事人的勇敢、坚忍等品质时，就会形成一种精神力量。也就是说，我们应将震撼的、有感染力的故事用用户喜欢的方式讲出来，重视习惯的力量和精神之力，让故事走进用户的内心，打造精神的能量。

很多时候，我们之所以有这种感染人的精神之力，是因为我们说出了用户的想法，做出了用户向往却不敢去做的事情。这需要我们看透人性，并且说出以下话语：首先，我理解你；其次，我将替你证明你自己。

IP 的精神之力应保持持续性和稳定性，让用户感受到坚持的力量，让用户养成习惯，使用户感受到此人不是来“碾压”普通人的，而是来助力普通人一起成长的。

## 变现模式要符合人性

在销售领域中，有两件最难的事情：一件是把话说出去装进别人的脑袋；另一件是把别人的钱装进自己的口袋。所以，我经常讲销售变现是一个人打开他的钱包，把钱交给另一个人的行为动作。

我们分析一下这个行为动作是怎么产生的。用户想买他想要的东西，才会出现行为。所以，要想让用户购买，在他做购买动作之前，我们一定要发现他究竟想要什么。

也就是说，我们的变现模式，要符合用户的需求，满足用户的欲望，解决用户的问题。

那么，常见的变现模式有哪些呢？

### 售卖自己的时间、技能、经验

这类人往往作为人力产品在职场中工作。通常，他会把自己放在劳务市场中，寻找合适的合作对象。这是最普通的变现方式之一，劳动者通过售卖自己的时间、技能或经验来变现。

### 售卖产品

通过低价买进、高价卖出变现，也是一个简单的变现模式。你不仅需要有受大多数人欢迎的产品，还要保证有好的利润空间，通过营销与销售来完成交易，获取利润。

### 做顾问或咨询

以自己的专业性给他人提供个性化的问题解决方案，实现变现，这属于售卖个性化服务。

如今，人们的变现方式似乎更综合或者更系统了。在5G时代基于一个系统赚钱，系统中往往结合了人、产品、商业模式等多重因素，形成可以自动运转的新型变现模式。

但是无论哪种方式的变现，核心目标都是为他人提供价值。不仅是顾问咨询类工作，人们正常上班、售卖产品，其实也是在为他人提供价值。所以，我们要不断提升自己、学习成长，然后更好地为他人提供价值。

一般来说，我们会售卖有形产品或无形产品，抑或是将有形产品和无形产品组合起来售卖。

如果你问我在现在、未来，什么样的变现模式比较受欢迎？我会说，是以上形式的组合模式。

因为人们追求的不再只是产品本身，更是想要成为更好的自己。无论何种形式的产品，用户实际上追求的都是更美好的生活和更好的自己。对无形产品的售卖更是如此，比如，学习健身课可以使人变得更健康，变得更美，从而成为更好的自己。相反地，一种变现模式如果不符合人性，品牌大概率有着糟糕的状态。

那么，变现应该遵循哪些符合人性的原则呢？

## 选择自己认可的产品

查理·芒格（Charlie Munger）说："自己都不想要的产品，不要卖给别人。"我们要选择自己认可的产品变现，这样才能融入更多感性的体验和感受。首先我们要认可自己的产品，之后我们在售卖时才特别有底气；自己受益，所以才想真诚地推荐给更多人。

## 追求长期性

将不具有长期性的产品卖给别人，表面上看解决了一些问题，但实际上制造了更大的问题，不要把这种产品卖给别人。你要选择短期内对大家有效，但是有长期价值的产品，这就是我说的符合人性，即要选择有长期价值的产品销售、变现。

## 不要选择逆人性的产品

如果用户从你这里得到的东西比他失去的更多，那么这种产品，最好不要卖给别人。也就是说，你卖了这个产品，可能之后要付出更大的代价。

其实，符合人性的变现是要看你的产品设计的合理性、安全性。所以，产品的设计也十分关键，变现模式要符合人性，意味着你的产品要跟用户的基调或者消费能力匹配。

并且，要找准确的用户，根据不同的人群设计不同的产品，或者，根据不同的用户，推荐合适的产品。还有一种方式就是，将现有的产品匹配到适合的用户。总结起来就是，为用户匹配产品，使产品匹配用户，这样才能把产品卖好。

值得一提的是，有的产品商家自己认可，但用户暂时不认可，这时我们还要变现吗？答案是：可以变现，但首先要解决一个问题，即帮助用户找到令他们认可的价值，给用户购买产品的理由。

## 追求共同利益，实现未来价值最大化

在理解共同利益之前，我们先要了解什么是利益。其实，利益其实也是一种感性的需要，我们在提供利益的同时，要给人提供一种价值感。

那么，我们如何看待共同利益？ 首先它是一个正和游戏，再者要关注它未来的价值，合作时，要把眼光放在未来。也就是说，你不仅是和现在的他合作，更是跟成长中的他和成长之后的他合作。然后，以他的优势为着力点进行合作，慢慢地他也会长出新的能力。

这需要一个成长的过程。一个人原来不懂如何创业，或者不会销售变现，抑或是副业变现，但有过一次变现经历，他会让这个经验沉淀下来，成为一个直接经验，然后试着去第二次变现。依此类推，从 0 到 1，从 1 到 2，从 2 到 $N$，这样他就可以复制下来一整套经验。

实现价值最大化，要帮助用户不断挖掘价值。有人问，为何要帮助用户挖掘价值？ 因为有时候用户的价值和他自己的表现并不完全一样，用户自己也不知道自己有什么潜在价值。那么，我们如何挖掘用户价值，实现价值最大化的模式和方法有哪些呢？ 通常有以下三种方式。

## 看到用户背后的资源

比如，在销售化妆品时，我们通常的思维是将其卖给女性。但是我们也可以卖给男性，因为男性有老婆或者其他女性家人。这就要求我们寻找或看到他背后的资源，挖掘价值，使变现价值最大化。再如，这个人本身不是你的用户，但是这个人背后有你的潜在用户。这时候，如何实现价值最大化呢？ 这就要求你将思维打开一些，将用户看作一个辐射原点，一个用户可以辐射 250 个人，服务好这个用户，他就有可能再帮你带来 250 个人。

## 助力用户成长

用户成长起来后，会有更多的能力，拥有更多的资源以及势能，帮你实现价值最大化。从某方面讲，这种策略就是将时间轴拉得长一些。你要留出足够的时间让用户成长，当用户成长起来以后，他的更高层次的需求就被挖掘出来，这样你在用户这里的变现价值就提升了。

特别是教育培训产品、知识产品方面的变现更是如此。一个用户购买了初级培训产品，我帮他成长，他更高的需求也会被激发出来。

比如，有学员在创业或做个人品牌时，思维受到局限。这时，我给他提供了一个思路：朋友的朋友就是朋友。我帮他梳理了一下，让他找到自己身边的链条，接着多米诺骨牌的反应就出来了。我帮他看到了他背后的资源，把他的朋友撬动起来，让他朋友看到了他朋友背后的资源。这样，像发生多米诺骨牌效应一样，他撬动了自己的资源。

## 为用户提供资源

帮用户连接资源，其实就是互惠。互惠就是成为枢纽，帮助用户连接，通过连接力来发挥资源的作用。帮用户连接资源后，用户会出现新的需求。这个需求可能是用户现阶段不会去想的东西。但我让用户大胆去想了，想了就会激发新的需求。这样就放大了用户的价值，我在其中也起到了连接的作用。

比如，一个企业需要数字化，但是企业里面缺乏掌握数字化技术的人才；或者企业要做短视频，但是没有会做短视频的人才，这时候我给企业或者你输送相应的人才，企业的需求就被满足了。也就是说，我帮企业连接了资源，然后放大了它的价值，从而实现了未来价值的最大化。

我们处于短视频直播的时代，企业应该做买产品送服务的变现模式，做起新媒体账号。一开始新媒体方面的人才比较匮乏，这方面的业务就是商机。比如，我们帮助一些做传统行业的企业运营新媒体或者实现互联网转型；然后，把培养好的人才直接输送到企业内部。现在很多线下的实体企业想要有流量，以便向线上转型，但是没有转型的能力，没法用新的模式改造原有的业务。这时候，我们可以为它们提供线上转型服务，给它们输出有应对能力的人才。

总的来说，本节讲的是如何帮助更多的销售人员，或者更多的朋友达成更大的销售目标。不只讲到了我们自己的视角，也讲到了用户视角，这就是更高级的感性销售。

## 先提供价值，再建立合作关系

谈到销售变现时，很多人一开始就想要达成或提供合作，但结果往往不乐观。这就像谈恋爱一样，如果一上来就讲索取，没有提供给对方任何价值或有价值感的东西，那么结果就是分道扬镳。

建议先提供价值，再建立合作关系。

一个人肯定要先给别人提供价值，别人觉得你达到了我的某种要求或者满足了我的什么条件，才愿意与你合作。因为合作的前提，是建立信任关系，接着看合作双方有没有匹配性，即适不适合合作。

接下来，我们要投入时间和精力。合作初始，价值是由单方面提供的，随着合作深入，我们才能懂得如何更好地为他人提供价值。因此，应先提供价值，再建立合作。

为什么要先提供价值，用感性去给一个有价值的事物增加价值感？因为只有在提供价值的过程中，我们才能检验出双方的价值观是否一致，自己与对方合作起来是否愉快，沟通是否顺畅等。现在，我们可以从两个维度来分析这个过程和逻辑。你在提供价值时，其实对方是被动接受价值的一方，他拥有的是一种体验感。只有体验感好了，他才会跟你进一步合作。如果他的体验感不好，就不会跟你合作。

## 个性化地提供价值

你不能用同一个流水线上的方式对待所有用户，而是应该为用户提供个性化的价值感受体验。价值感是一种主观感受，是一个人的个人感受，不是大家的整体感受。

总的来说，在提供价值时，不管讲的是什么，提供的是什么，都需要让对方感觉到这是为他提供的“专属服务”，这样对方才有专属于他的感觉和体验。特别是在一对一销售的过程中，我们要了解他的唯一性，才能知道他独特的价值感。我们还应尊重每个个体，每个人都是不一样的，每个人都是唯一的，你要认可每个人的唯一性和专属性。

## 提供共通的价值

我在做直播时，尽量让直播的内容通俗易懂，我的听众年龄，辐射范围在 5~80 岁，那么我就要为这些人群提供价值感。我注意到我的用户中，年龄在 25~39 岁的用户更多一些。我的男性用户占 41.8%，女性用户占 55%，也就是说，我要给男性和女性同时提供价值感。因为我提供的是感性的情感共鸣，所以，具有共通性的精神力量能够穿透更多的人群。

抛开性别和年龄，有哪些情感是共通的呢？

比如，开心的感受、快乐的微笑、幸福的感觉等愉悦感是共通的。还有真实的东西，真正利他的、真正对别人有帮助的，也是大家都愿意接受的，大家很容易感到你有一种积极向上的能量或状态。这类美好情绪的力量最强。另外，孤独、沮丧、恐惧、忧伤等痛苦或疼痛的感受，也是共通的。当用户从你的故事中感知到悲伤等情感之后，如果悲伤的背后能够有希望等精神传递出来，大家便会看到希望。而这种精神的共鸣更令人奋发向上，也更引人难忘和深思，这也是共通的。

虽然很多情绪本身是负面的，但是我们要尽量把正向的思考模式和积极的思维方式带给大家，这样才能给大家希望。

比如，我在分享自己的故事时，可能一开始会让人觉得有点沮丧、孤独。但是，紧接着我就会给大家提供共通的、正向的希望。因此，我们要化消极的情绪（悲伤、恐惧、孤独、疼痛等）为积极的情绪（微笑、喜悦、从容、淡定、坚忍等）。因为最终只有阳光、积极的情绪，才能够穿越年龄以及性别的束缚，被大家感知到，大家会从中找到更美好的力量，这就是感性的力量。

# 后记

## 找到人生的支点，你可以改变自己

“改变”是一个技术活，也是一个体力活。如果你对现在的自己不满意，从现在起，你就可以开始改变自己。

你需要将原有的混乱的人生系统梳理清晰，让自己明确问题所在，以最容易做到的事为着力点，逐渐构建人生架构。在接下来的每一天，你都应为自己的人生大楼添砖加瓦，逐渐使自己成为想成为的人。

很多人之所以没有改变，不是因为他们没有能力，而是因为没有支点。38 岁的时候，我找到了人生支点，通过努力，我用自己的亲身经历证明：一个人其实可以颠覆式地改变自己。

我写这本书的初心，就是想鼓励与帮助暂时找不到人生使命与价值的人，跟随心走，找到自己人生的支点。通过日复一日地练习，让自己变得越来越有价值，从而找到人生的意义。

世界上大致有两种人，一种是不相信自己可以，习惯了“等、靠、要”的人；另一种是自强、自信、自立的人。与其抱怨，不如向前。

最后，感谢父母的善良让我拥有了一颗纯粹的心；感谢奶奶帮助我建立健康的价值观，让我在人生的每一步都做出了合适的选择；感谢老师、同学、领导与同事，他们为我的学习、成长提供了无数帮助；感谢我的人生导师张萌，是她帮助我改变了人生轨迹，助我实现生命价值；感谢正在看这本书的你，一起探索感性的力量是一种缘分。此外，特别感谢刘 Sir 老师及其团队自立老师、香香老师的引领与帮助，感谢顾光杰老师的指正，使得本书有了与大家见面的机会。